走，去野外

仲夏日之旅

[英]伊妮德·布莱顿/著
杨文展/译

人民东方出版传媒
People's Oriental Publishing & Media
東方出版社
The Oriental Press

图书在版编目（CIP）数据

走，去野外：全4册 / [英] 伊妮德·布莱顿；杨文展译. —北京：东方出版社，2022.9
ISBN 978-7-5207-2588-0

Ⅰ.①走… Ⅱ.①伊… ②杨… Ⅲ.①自然科学－儿童读物 Ⅳ.① N49

中国版本图书馆 CIP 数据核字（2021）第 244547 号

走，去野外
（ZOU QUYEWAI）

[英] 伊妮德·布莱顿 著 杨文展 译

策划编辑： 杨朝霞
责任编辑： 杨朝霞
小课堂写作： 秦好
出　　版： 東方出版社
发　　行： 人民东方出版传媒有限公司
地　　址： 北京市东城区朝阳门内大街 166 号
邮政编码： 100010
印　　刷： 北京文昌阁彩色印刷有限责任公司
版　　次： 2022 年 9 月第 1 版
印　　次： 2023 年 4 月北京第 2 次印刷
开　　本： 880 毫米 ×1230 毫米　1/32
印　　张： 17.125
字　　数： 303 千字
书　　号： ISBN 978-7-5207-2588-0
定　　价： 120.00 元（全 4 册）
发行电话：（010）85924663　85924644　85924641

五位漫步者介绍

帕特

十一岁的男孩，三个孩子中年龄最大的，是珍妮特和约翰的哥哥。他脑子活，性子急，缺乏认真观察大自然的耐心，对发现的许多事物都没有细致地观察。跟着梅里叔叔坚持自然散步一年后，他的观察力大大提升，自然知识也变得丰富了。

珍妮特

是五位漫步者中唯一的女孩子，十岁，和哥哥帕特长得很像，不少人都误以为他们是双胞胎。她可爱、浪漫，在自然美景的感染下，爱上了写诗。通过跟梅里叔叔的每月两次自然散步，她不仅克服了对蜥蜴、蝙蝠、蛇等的恐惧，还变成一个自然爱好者。

约翰

六岁的小男孩，聪明幽默，想象力丰富，是三个孩子里年龄最小、观察力最敏锐的一个，观察事物很用心，似乎没有什么东西能逃脱他的眼睛。他最讨厌别人叫他“小朋友”。在自然观察比赛中，他的表现总是最出色，让哥哥姐姐刮目相看，也深受梅里叔叔喜爱。

梅里叔叔

自然作家，喜欢野外观察，主要写作关于鸟类的书，博学而友善，是三个孩子的邻居，一双褐色的眼睛里充满了智慧，带领三个孩子踏上自然漫步之旅。在他的带领和陪同下，三个孩子成长很快，学会了正确观察大自然，有了丰厚的自然知识储备，爱上了大自然。

弗格斯

梅里叔叔的爱犬，一只勇敢、善良的黑色苏格兰小狗，四条黑色的小短腿总是不停地蹦跳着，它的尾巴摇起来像飘在空中的一片黑色羽毛。它跟三个孩子一样，喜欢户外散步。

翠鸟　　　　[英] 诺埃尔·霍普金/绘

玫瑰　　[法]皮埃尔·约瑟夫·雷杜德/绘

雕鸮

大兔子和小兔子们　　　　　　　　　　　　[英] 诺埃尔·霍普金 / 绘

目　录

四月自然散步

1　人间四月天　2

2　观看翠鸟捕鱼　11

　自然小课堂：如何在户外活动中处理生活垃圾？　19

3　四月鸟鸣啭　20

4　被花儿的智慧折服　27

　自然小课堂：鸟巢的种类　34

五月自然散步

5　徜徉在五月花的海洋里　36

　自然小课堂：花卉记录册　42

6　植物是了不起的发明家　43

7　看谁发现的开花的树多　50

　自然小课堂：做自然笔记　56

8　带株有蝴蝶虫卵的花回家观察　57

六月自然散步

9　在月圆之夜散步　66

自然小课堂：体验夜间散步　74

10　倾听夜莺鸣唱　75

11　仲夏日之旅　84

自然小课堂：认识一朵花　92

12　观察蝴蝶与飞蛾　94

自然小课堂：蝴蝶和蛾子的区别　100

自然野趣 DIY

约翰的花卉及鸟类图表　102

自然故事

你可曾听过这种事？　106

错误的用餐时间　112

自然笔记　117

译后记　118

四月自然散步

珍妮特牵着梅里叔叔的手，心里思量着如果有一天能像梅里叔叔那样知识渊博又如此深爱大自然，那该多么美妙啊。

小姑娘开始渐渐理解梅里叔叔表现出的对大自然发自内心的热爱与由衷的喜悦，也能理解正是乡间这幅美妙图景中的一切花草树木、飞禽走兽给他带来这种感受。

而这样美好的感受，非得亲身体会后才会懂，这感受正在珍妮特的心中萌芽。

1 人间四月天

孩子们发现，梅里叔叔差不多该回来了，于是都跑到火车站去接他。看到孩子们，梅里叔叔心里美滋滋的，弗格斯更是别提了，它猛地扑上去，狂热地叫个不停，以最快的速度绕着孩子们转了一圈又一圈。

“跟马戏团的狗一样！”帕特大笑道，“嘿，梅里叔叔，见到你们真开心。”

“嗯，见到你们，我们也很高兴。”梅里叔叔说着，提着自己的行李箱，领着大家走出小火车站，“我猜，你们是希望我兑现自己的承诺，对吧？最好现在就带你们去散步——美好而漫长的散步，恨不得一分钟都不耽误，甚至应该立马动身出发！”

孩子们都乐开了花。“我们会先帮您把行李运回去，

然后如果您不太累的话，可以再来带我们去散步，可以吗？现在乡间的景致美极了。这段时间，我们也出去走了几次。叔叔，我们发现了很多新出现的花儿，也在您借给我们的书中查阅了它们的资料。我们特别想知道，自己是不是认准了这些花。”

“哎哟，你们可真是聪明伶俐的小孩！”梅里叔叔赞扬道，“我可得好好奖励奖励你们，不如我们现在就直接散步去吧。不过都快到午餐时间了，我们得带着午饭到一处阳光灿烂、暖洋洋的地方去吃。你们觉得，妈妈能帮大家准备一些三明治吗？”

“没问题，她可擅长做美食了，”帕特兴高采烈地说，“那我先走一步去请她帮忙。”

这才过了不到二十分钟，五位漫步者就又重新上路了。帕特背着一个旅行包，里面塞满了三明治、饼干和蛋糕。天气晴好，天空如矢车菊般湛蓝，大片大片的白云飘浮在天上。“就像是层层叠叠的羊毛。”约翰说。

然而阳光与阵雨总是相伴而来，毕竟这可是人间的四月天。妈妈命令孩子们都带上雨衣，因为有时候阵雨会瓢泼而至。梅里叔叔自然也早有防备。只剩下弗格斯，它啥也没有，相当不幸。

“叔叔，待会儿碰到我们先前自个儿发现的新花时，我们会指给您看的。”帕特说，“您看，那儿就有一朵。”

他指向长在附近堤岸上的一朵鲜艳的蓝莹莹的花。“多么华丽的蓝花呀！”帕特说，“它的花儿仿佛是在凝视我们一样，不是吗？”

“这花有个好听的名字叫‘天使之眼’，”梅里叔叔说，“还有个名字叫‘鸟之眼’，也是另一种婆婆纳属植物。你们还记得之前看到的小巧的常春藤婆婆纳吧？那么，这是同一家族的另一个成员，它的学名叫作石蚕叶婆婆纳。你们能记住石蚕叶这个名字吗？但你们肯定不会忘了它其他的名字，都是些很美的名字。”

“石蚕叶婆婆纳、天使之眼、鸟之眼，”珍妮特复述了一遍，“真可爱！我自己也好想拥有这样一组美丽的名字啊！嗯，这就是我们自己找到的一朵新花啦，叔叔，那边还有另外一种。”

第二种新花是纯白色的，五片花瓣组成的花头长在一根精致的花梗上，就像是一条细细的线。它有着笔直而脆弱的茎，几乎难以支撑花朵挺直起来。

“梅里叔叔，它是不是很纤巧可爱呀？”珍妮特问道，“这是什么花呢？”

“这是硬骨繁缕。”梅里叔叔回答说，“珍妮特，你看到它那红橙色的雄蕊了吗？它之所以叫‘繁缕

(stitchwort)’这个名字，就是因为花朵就像是悬挂在一枚针（stitch）或一根线上一样。”

“您给我们讲了很多有趣的故事。”珍妮特一边说，一边观赏着这朵纤巧的白色花在它那精致的“针”上摇头晃脑的样子，“现在就剩你了，约翰，你发现的新花在哪里呀？”

“哦，叔叔，我甚至都不确定这算不算得上花儿，”约翰迫不及待地说，“这是我前所未见的有趣的东西。首先，当我头一回发现它时，它就像是一个扭曲的绿色鞘，在沟渠里直挺挺地朝上生长。第二次再见它时，它那层保护套似的东西自行张开了，那会儿就变得有点儿像老修道士经常戴的被称作“兜帽”或“风帽”，对吗？再然后，叔叔，一根像是拨火棍似的东西从鞘的正中间直插出来！您觉得这会是什么呢？”

“听起来真是不可思议！”梅里叔叔说，“你能领我去拜会一下这朵‘拨火棍’花吗？”

约翰带着他来到附近的一处沟渠旁，并指给他看那株奇异的植物。在它那大箭头形状、带有紫色斑点的叶子中，竖着一朵奇怪的“花儿”。正如约翰形容的那样，像是修道士的绿色兜帽或风帽，而中间可不就是根紫色的“拨火棍”嘛，就像一根长长的圆柱形舌头。

“叔叔，这有点儿像香蒲的花儿，对吗？”珍妮特说，“不管它究竟是什么。”

“这是斑点疆南星，”梅里叔叔说，“是一种很常见的野生植物，也是很怪异而不寻常的一种植物。它有许多别名，比如贵族老爷和夫人、布谷鸟的杯子、醒来的知更鸟。它在任何地方都能肆意地野蛮生长，箭头形的叶片宽大而光滑，长有紫色斑点。那位雄花‘老爷’就是紫色的‘拨火棍’，雌花‘夫人’就是你们看见的这种颜色淡一些的部分。”

“它好像没有任何雄蕊或者柱头。”帕特说着，摘下一朵斑点疆南星，仔细观察着它的“舌头”或是“拨火棍”。

“它有不少哩。”梅里叔叔说。他把绿色的鞘从“拨火棍”周围剥离，同时也从下方拨开。鞘凸起在那里，在这凸起部位里头生长着雄蕊、柱头和茸毛。“看呀，两种类型的花，雌性的与雄性的。”梅里叔叔指着雌花和雄花说道。

“它的底部有些小飞虫，”珍妮特说，“它们在那里做什么呢？”

“啊，这故事可就说来话长啦！”梅里叔叔回答，“这种疆南星需要小飞虫飞过来授粉。它们希望花粉能从另

一株疆南星那儿运到自己的柱头上。所以，为了吸引它们需要的那类飞虫过来，就得释放出难闻的气味。那些臭味相投的飞虫，一闻到这种味儿，就会以为那儿有什么好吃的食物在等着它们呢。”

“那飞虫们到底在做什么呢？”帕特追问。

“飞虫偷偷地溜进鞘里，顺着气味就往底下飞，穿过这个凸起部位直达‘拨火棍’底部。”梅里叔叔说，“真是为它们感到遗憾啊，因为那儿并没有与这种臭味相符的食物等着它们！于是它们就拼尽全力想逃出去，但是又被环状的茸毛给缠住了，出不去。它们只能愤怒而迷惑地匆忙逃窜，期间不停地擦碰雌花——也就是柱头。在这个过程中，它们身上从其他疆南星那儿带过来的花粉就留在柱头上了。那么，当柱头得到花粉就可以培育浆果，接下来就轮到雄蕊了。”

“我猜雄蕊成熟后就会将花粉发散到空中。”珍妮特说。

“的确如此。”梅里叔叔说，“然后呢，疆南星就会善意地生产一些香甜的花蜜，让小飞虫们尽情享用，作为它们辛勤劳动的回报。当飞虫们饱餐一顿后，环状茸毛就会放它们离开，然后它们再飞到其他疆南星那里去，准备给下一批柱头授粉，并继续开始新一轮被囚禁在

‘拨火棍’底部的自虐之旅。”

“真是个怪诞离奇的故事！”珍妮特一边找着更多的疆南星，一边说，“这些小飞虫经历了多么异乎寻常的精彩探险故事呀！今后每次看到‘贵族老爷和夫人’时，我都会想起它们。”

“快点儿过来呀，”约翰拉着梅里叔叔的手说道，“弗格斯等我们等得都快不耐烦了。”

大家继续上路，一路欢声笑语，一路眼观六路，耳听八方，只为寻找一切新鲜和刺激的事物。能和梅里叔叔再次同行，珍妮特可高兴了，一直跟他贴得紧紧的，生怕错过他说的每一个字。

“看那株黑刺李呀！”他突然招呼大家，指着附近篱笆上盛开的星形花丛，“你们说，这花是不是长得很梦幻？特别是在带刺的深色树枝的衬托下。”

“这有点儿像山楂[①]。”珍妮特停下脚步来观赏，评论道，“只是山楂的枝条是红色的，而不是黑色。”

“没错。”梅里叔叔说，“山楂带有红色的棘刺，黑刺李则是黑色的棘刺。等到了秋天，如果我们来找找看的话，就能发现黑刺李结出小小的紫色李子。”

---

① 学名单柱山楂，别名英国山楂。——译者注（若无特别说明，书中脚注均为译者注）

“很多树都正在长出叶子来，”帕特大声嚷嚷着，指向星星点点绿意盎然的篱笆，还有绕着榆树干的一束束细枝，都已是嫩绿的颜色，“看看桦树上那可爱的小叶子啊，叔叔，现在可真是一年中非常美好的一段时光。”

“你们注意到红色的榆树花了吗？”梅里叔叔指着榆树上方，问道。孩子们纷纷看过去，只见一大片榆树花盛开着，深红色的花在四月湛蓝天空的映衬下，让人颇感意外。

“我以前从不知道榆树还会开花呢。”珍妮特说，“叔叔，每种树都会开花吗？”

“全都会开花哦。”叔叔说道，“栎（lì）树[①]、梣（chén）树[②]、西克莫槭（qì）树[③]、椴（duàn）树[④]啊，还有毒豆、苹果树、山楂树啊，所有的树都会开花。你们可得在这个春天好好找找它们。”

“看看这雏菊，快来看这雏菊啊！”约翰站在弗格斯身前，也喊了起来。他指着堤岸边的绿草地，上面几乎一片雪白，雏菊遍布：“那片堤岸就像是撒满了雪花似的！”

---

① 学名夏栎，别名英国栎。

② 学名欧梣。

③ 学名桐叶槭。

④ 学名欧洲椴树。

“如果你一只脚的面积，能覆盖九枝雏菊的话，就说明春天到了。”梅里叔叔说。

约翰试着数了起来。“十朵雏菊！”他大声宣布，“那是不是说明春天早已到来！”

太阳突然难觅踪迹，一大团白云急匆匆地飘过天空，大颗大颗的雨滴倾泻下来，漫步者们迅速穿上了各自的雨披。“我们根本犯不着找地方躲避这场雨。”梅里叔叔抬头望望天，说，“这是一场真正的四月阵雨，很快就会过去的。你们看，太阳已经偷偷探出头来了。”

2

观看翠鸟捕鱼

“我们去哪儿吃午餐呢？”帕特问，“我饿了。”

“在绿地的一侧，有一条流经大池塘的小溪，就在那儿吃，”梅里叔叔答道，“我们还能在那儿看到一些水禽。”

随后，他们来到那条“处处闻啼鸟”的小溪旁，在一棵柳树下找到一处舒适的地方。柳树刚刚抽出的新枝在阳光下闪烁着金光。大家坐下来享用着三明治。弗格斯蜷缩在约翰身边，它确信这个小男孩会与自己分享所有东西。它的如意算盘果然没有落空！

一只鲜艳的鸟蓝色闪电般地掠过他们身旁，直冲进小溪里。三个小朋友纷纷惊呼：“这是什么鸟啊？”

“这是翠鸟[1]，”梅里叔叔回答道，“也许它特地飞过来跟我们共进午餐呢！它喜欢停留在那根高处的树枝上，俯视着水面。啊，看呀，它又回到原来那根树枝上了。我们的运气真不错，也许能看到它抓条鱼来当午餐的画面呢。”

这是一只色泽鲜艳的蓝绿相间的小鸟，橙色的腹部闪闪发光。它立于枝头，凝视水面。它的尾巴极为短小，以至于使它看起来有点儿像“矮胖子”，好在它那长而强壮的鸟喙能稍微弥补一下。

突然，它侦察到小溪里有条鱼，二话不说就一头猛扎进水里去。转眼间它又冒出水面来，嘴里叼着一条垂死挣扎的鱼。翠鸟囫囵吞枣般地大口吞咽，这条鱼很快就进了它的肚子。

过了一会儿，它再度跃入水中，可这次并没有抓到鱼。孩子们坐在水边吃着午餐，特别喜欢观赏翠鸟捕鱼的场景。

接下来，一只小小的黑水鸡出场了，它在水中游过去时，头部不停地摆动着。而当它看见孩子们时，似乎受到了惊吓，瞬间就消失在水里。孩子们见到如此特别的“谢幕”表演，都开怀大笑。

---

① 学名普通翠鸟。

翠鸟

“看见它的鸟喙了吗？”梅里叔叔说。他指着正穿行在水面上的一个黑色斑点，“它正在水下游着呢，你们看它身后在小溪上留下的两道涟漪。它可能在某个地方就有一个巢呢，那是建筑在扁茎灯芯草上的一个大平台，产下的卵也都放在那儿。当它离开时，总是会小心翼翼地把它们都遮盖起来。”

大家吃完午餐，把食物残渣清理干净，不在任何地方留下一点儿垃圾。接着，他们朝小溪的上游走去，前往大池塘。小蝌蚪们成长得好快啊！其中一部分都已经长出黑色的腿了，而且它们一个个都异常活跃。真鲹(guì)鱼和刺鱼在被阳光晒暖的水里游着，梅里叔叔让孩子们仔细观察刺鱼身上的棘刺。

“你们发现了那条身上有棘刺的小鱼吗？”他问道，“它每个春天都会建造巢穴，在那儿追寻自己的伴侣并产卵，然后还会一直守卫在旁边直到孵出小鱼来。”

“我从来没听说过鱼还会筑巢！”珍妮特惊讶地说，“它们的巢穴长什么样啊？”

“外形上就像是暖手用的手笼，”叔叔回答，“你们今后可能会看见。但如果你们在自家鱼缸里养一对刺鱼，再给它们一点儿筑巢用的材料，那你们肯定能看到它们的巢。现在我只想指给你们看看另一种小生物，就是我跟你们说起过的那种会给自己造房子的小东西。”

梅里叔叔在池塘一个特定的区域刮掉一些淤泥，揪出来两只稀奇古怪的生物，拿给孩子们看。他手里就像是拿着两根由小树枝和细小的颗粒组成的管子。

“有一种微小的昆虫居住在这个容器里头，它身体很软，池塘里的其他动物都视它为美味佳肴。”他说道，“所以，为了保护自己，它就把在水中能找到的任何零星的小玩意儿都聚拢在一起，黏在一起，这样一来就给自己搭建了一间滑稽而温馨的小窝。住在里面可就安全多了，想要出来放放风、爬两步的时候，它就把头和脚探出来，当敌人靠近时也能迅疾缩回去藏起来。”

“这种有趣的幼虫，是不是能变身成其他形态？”珍妮特问。

“它们叫石蚕，是石蛾的幼虫。”梅里叔叔说，“将来总会有那么一天，它们会从水里爬出来，长出翅膀，在空中飞翔。”

梅里叔叔把这两座稀奇古怪的“房子”放回到池塘里后，孩子们又看了一会儿水草上的淡水螺，同时池塘里还有一些体形较大的黑色甲虫浮出水面来透透气。水里一片生机盎然，漫步者们花了整整一小时，来仔细观察各类生物在此安营扎寨的景象。

他们一点儿都不想回家，但终究还是要回去的。在返回的路上，约翰在一个很奇特的地方发现了知更鸟的窝。起先，他只是在沟渠里头看见一只倒下的旧靴子，再走近一看，靴子里面居然有一个知更鸟的窝，还有一只目光炯炯的知更鸟牢牢地立在上头。

“这可真是个古怪的筑巢地点！”约翰满心喜悦地说，“大家快看呀，这知更鸟好像完全不介意我们盯着它看一会儿。”

“知更鸟特别喜欢在它们的好朋友人类使用过的旧物件上做窝。”梅里叔叔说，“它会在旧茶壶和旧平底锅上做窝，也会在稻草人的口袋里做窝，如你们所见，甚至会把窝建在流浪汉的旧靴子里。”

回家的路上，他们穿过河边的一片湿草地，眼前的一片金色让大家惊喜地欢呼起来。“驴蹄草！”珍妮特喊道，“这金灿灿的沼泽金盏花[①]多么可爱啊！叔叔，它们是不是很美？它们一定属于毛茛家族，对吗？”

“没错。”梅里叔叔说，“可不是嘛，它们可真的是明艳动人的花！你们再看看远处那个小池塘，完全被白色的繁花遮住了。那花是另外一种毛茛科植物，开着白色

---

① 学名驴蹄草，别名沼泽金盏花。

的花，名叫水生毛茛。”

大家都走过去，看看那片小巧的长在水里的白色毛茛科植物——水生毛茛。“真有趣！”约翰扯着其中一株说，“叔叔，它有两类叶子。扁平状的这种叶子漂浮在水面，而那种细长形支离破碎的叶子生长在水里。”

“这两种叶子都有各自的用途，”梅里叔叔解释道，“一看就知道，扁平形状的叶子如果沉在水下面毫无意义啊；同样的道理，细长形的叶子如果长在顶上，根本浮不起来，也就派不上用场。”

“植物真是聪明。”约翰说，“哇，弗格斯，你溅了我一身泥巴。叔叔，它妄想在水田鼠的洞里找兔子，是不是傻啊？”

接着，这群累并快乐着的人继续走在回家的路上，中途只在行至树林尽头、绿地上的荫蔽处逗留了一下，在那儿一大片犬堇菜①里采摘了满满一束花。荆豆花现在也尽情绽放着，形成一道壮美的风景线，还释放出诱人的气味。

“有椰子的味道！”珍妮特说。

“是香草味儿的！”帕特说。

---

① 英文原文dog-violet，无标准中文译名，拉丁学名Viola riviniana.

水田鼠和它们的洞穴

“怎么可能，那只是可爱的荆豆花，在四月的艳阳下盛开。”梅里叔叔说。

“这是我们最美妙的一次散步。”约翰说，他想起了自己找到的知更鸟的巢穴，还有那只聪明的翠鸟，“那只翠鸟好可爱，我多想让它住在我们的花园里啊！”

自然小课堂

如何在户外活动中处理生活垃圾？

五位漫步者吃完午餐，把食物残渣清理得干干净净，不留下一点儿垃圾。在户外活动中，我们应妥善处理食物残渣及其他生活废物，以减少对环境的破坏。

带来什么，带走什么，食物残渣应全部收集起来，在离开时带走。不使用化学制品，即使用可降解的清洁剂，也要在离水源 60 米以外的区域使用。不能做一些污染水源的事情，比如，在水源中洗菜、洗衣物、洗脸、刷牙等，如需使用，要将水带到离水源 60 米以外的区域。如果发现他人遗留的垃圾，也请带走。

3

四月鸟鸣啭

一天清晨，梅里叔叔瞧见三个兴奋的小朋友正从他家花园的大门处冲进来。他从窗户探出身去，向他们挥挥手。

“梅里叔叔！我们听到布谷鸟的叫声了！我们听到布谷鸟的叫声了！我们听到布谷鸟的叫声了！”帕特激动地呼喊着。

“我们都听到了，”约翰说，“啊，能再次听到它的叫声真是太令人愉快了！”

“我也听到了。”梅里叔叔也扯开嗓门说。屋子窗户下面传来一声响亮的狗叫声，这是弗格斯给孩子们的回应，显然它也听到了布谷鸟的叫声！

“今天是星期六，您打算领我们去散步吗？”珍妮特

问，“是上午去，还是下午呢？”

梅里叔叔抬头看了一眼万里无云的四月蓝天。“就现在，上午去。”他说，“我本想做点儿事情来着，但当三个兴奋的孩子特地来告诉我布谷鸟已经回来了，我怎么能在这种时候闷在室内呢。我也想给自己放一天假，等我十分钟，就来跟你们会合。”

弗格斯的小短腿疯狂地蹦跳着，尾巴疾速地摇晃着，连影儿都快看不着了，五位漫步者很快就踏上熟悉的路线，再次出发了。现在，道路两边的山楂树篱笆上一片绿意盎然，秀气的硬骨繁缕为河堤镶上一道花边，金色的榕叶毛茛已经从闪亮的小星星变成了耀眼的太阳。约翰可不想这么“走着”，而是蹦跳着、奔跑着、疾走着，欢呼雀跃。他说，能在这种天来散步，真是太幸福了！

“那里又是布谷鸟！”风中正传来那动听的叠音声，帕特说，“嘿，听到这声音，就像是夏天到了似的！我爱布谷鸟，您呢，梅里叔叔？”

“这个，不，我不能说喜欢它。”梅里叔叔说，“它确实不是我最爱的鸟类之一，我唯一喜欢它的一点，也和你喜欢的一样，就是它在春天里的鸣叫声。但是，你得知道，布谷鸟过着非常懒散的日子，它把诸如筑巢、养育和喂养幼鸟等一切任务统统扔给了其他鸟。”

“那难道它自个儿不筑巢吗？”约翰大为惊讶，说道，“我还以为所有鸟都会筑巢呢。”

“可不包括布谷鸟哦。”梅里叔叔继续说，“布谷鸟的雌鸟会把自己下的蛋放到其他鸟的巢里，而在这之前还会先从巢里窃走一颗蛋，给自己的蛋留出空间。那鸟巢的主人看起来并未意识到自己家里出现了一颗怪异的蛋，而等到这颗蛋孵出一只光秃秃的黑色雏鸟时，它还会视如己出，关爱并养育雏鸟长大。”

“好奇怪啊！”帕特说，“这事听起来很不公平，是不是？”

“当然不公平啦。”梅里叔叔说，“有趣的是，当布谷鸟雏鸟长大一点儿之后，体形会变得比它小小的‘后妈’还大，这‘后妈’得站在‘宝贝’的肩上才能喂它！”

“布谷！布谷！”熟悉的声音再度响起。一只胸部有条纹的灰色大鸟从他们头顶掠过。“这就是布谷鸟！”梅里叔叔说，“它可能才刚刚回到自己的家乡，过去的那个冬天都在温暖的土地上度过，以当地的昆虫为食。”

“还会有哪些鸟陆续回归呢？”约翰问道，“我知道，家燕已经飞回来了，对吗？”

“是的，同样归来的还有毛脚燕、雨燕、夜莺[1]、灰白喉林莺、叽咋柳莺，以及其他很多鸟。”梅里叔叔说，“听呀，我敢肯定，现在你们已经听到了叽咋柳莺的啼声！”

他们来到一棵枯朽的小树边上，许多鸟在那儿鸣唱，大家全都安静地驻足聆听。“它的歌声听起来是什么样的呀？”约翰低声问道。

“哦，它的歌声就像是在反复念它自己的名字，”梅里叔叔答道，“那就是它的声音，听啊——叽、喳、叽、喳、叽、喳！”

孩子们都愉快地听见了。“今后我一定能辨认出叽咋柳莺的声音。”约翰满心欢喜地说着。

大家离开树林，继续前行。每路过一个洞穴，弗格斯总不忘把头低下来嗅探一番。突然，梅里叔叔停了下来并抬头往上看，脸上洋溢着激动而兴奋的喜悦，孩子们也顺着他的目光朝上望去。映入大家眼帘的是一只铁青色的长尾鸟正在空中翱翔，它的另外几个同伴则立在电线上，发出悦耳的叽叽喳喳叫声。“叽喳叽，叽喳叽”它们似乎在聊着什么。

“燕子！”梅里叔叔说，“祝福它们，可算是又回来

---

① 又名新疆歌鸲、夜歌鸲。

啦！它们可真是我的心头所好！”

家燕在空中迅速掠过，剪刀似的尾巴在风中飘扬。注视着它们飞翔的样子，孩子们又何尝不喜欢呢。和它们结伴而飞的鸟儿，看起来跟家燕也有几分相像，但是身上有更多的白色，下体和背部都是白色的，而尾巴则没有那么长。

“那些短尾巴的鸟也是燕子吗？”约翰好奇地问。

“它们的确属于燕科动物，”梅里叔叔说，“是白腹毛脚燕，习惯用泥巴在房檐下筑巢，你们一定看见过。而家燕则是习惯在谷仓和棚屋的房椽和屋梁处做窝，正因为这样，所以我们会称它为家燕。上面的那只毛脚燕也被称作‘家毛脚燕’[①]，就是因为它喜欢在房屋附近筑巢。还有另外一种小型的毛脚燕呢，羽毛是褐色、白色相间的，名叫崖沙燕。它与一大帮朋友一起，在堤岸或采石场的洞里做窝。”

“这么多种类，我怎么认得全啊。”珍妮特一声叹息，看着家燕们和毛脚燕们说，“叔叔，是不是还有另外一种像燕子的鸟啊，雨燕？”

“啊哈，是的，”梅里叔叔回答，“但是它得过些日子

① 白腹毛脚燕（house martin）的英文直译为家毛脚燕。

才会回来，而且也并不属于燕子家族。它只是因为同样生活在空中，所以需要同样的翅膀和长尾巴，才会乍看起来像燕子。实际上它是炭黑色的，而非蓝色。等它出现时，我会指给你们看的。”

“实在是有太多的东西要学啊！”珍妮特感慨道，“叔叔，我不知道您是怎么记住这些知识的。”

“只是因为我喜爱乡村、田野，总是会到处看看并观察各种事物。当然啦，也正是出于这种热爱，我会到书海中阅读关于它们的任何内容。”梅里叔叔说，“你们也做得到啊，说不准等你们到了我这个年纪，懂得的知识要十倍于我呢！”

珍妮特认为这根本就是个不可能完成的任务。她牵着梅里叔叔的手，心里思量着如果有一天能像梅里叔叔那样知识渊博又如此深爱大自然，那该多么美妙啊。小姑娘开始渐渐理解梅里叔叔表现出的对大自然发自内心的热爱与由衷的喜悦，也能理解正是乡间这幅美妙图景中的一切花草树木、飞禽走兽给他带来这种感受。而这样美好的感受，非得亲身体会后才会懂，这种感受正在珍妮特的心中萌芽。当她的眼神落到那片金色的榕叶毛茛上时，当她看见一团白色的硬骨繁缕靠在绿色的堤岸上如星星般闪耀时，那种感觉正在悄然生长。想着想着，她紧紧握住梅里叔叔的手。

“当我看见这些美好的事物时，有时会有种诗兴大发的念头，我想把它们写进诗句里永久地珍藏起来！”她低声地私语着。

梅里叔叔低头看了看她，褐色的眼睛里闪烁着智慧的光芒，微笑着。“当画家想要画点儿什么东西时，跟你的感受是一样一样的。”他说，“画家想要把视线中发现的美好事物‘捕捉’下来，使那些美好的东西成为画布上永远的‘囚徒’；而诗人呢，则会把它们抓起来，关进文字筑成的‘牢笼’里；音乐家当然是使用音符来‘困住’它们啦。珍妮特，你能有这样的感受，是一种了不起的天赋，不如就让这感受来得更猛烈些吧！”

珍妮特在心里默默想着：好吧，我有时可能是有点儿傻，但如果我真的是个傻瓜，那梅里叔叔也不会这么跟我说话吧。

4

被花儿的智慧折服

整个上午，鸟儿们鸣啭得格外欢快，尽管它们中有不少都在忙着筑巢。孩子们看到了鸟儿们用嘴来搬运树叶和一块块苔藓。他们还听到了许多歌声，其中有一种是头一次听见，分外美妙悦耳。

“是黑顶林莺！”梅里叔叔细心倾听着，说道，“它的叫声多么圆润清亮啊！几乎跟乌鸫的叫声一样好听，如此柔美又那么饱满。生活是多么美好啊，我们能拥有这么多鸟类歌唱家[①]！”

“梅里叔叔，那边有点儿像麻雀的小鸟是什么呢？”帕特指着沟渠中一只正在寻找昆虫的小鸟问道。

---

① 英文原文singing birds，也可译为鸣禽。

“它才不像麻雀呢。”约翰反应很快，说道，“它也就颜色像麻雀一样，是褐色的！看看它那细细的鸟嘴，我说帕特，麻雀的嘴可是有点儿粗大，也略显笨拙哦。这只鸟看起来更像是知更鸟。”

“约翰，有时候，我由衷地认为你是三个孩子里头最敏锐的一个。”梅里叔叔说，“你确实是在用心观察事物，那只鸟是一只林岩鹨，虽然名字中带‘雀’①，但正如你所说，它并不真的是一种麻雀。你只需要看看它的鸟嘴，便能得知这是一种食虫鸟，而不像真正的麻雀那样是一种主要以种子为食的鸟。”

大家全都观赏着这只淡褐色的鸟。它用翅膀做出了几个滑稽的小动作。

“它在抖动着翅膀！”约翰反应迅速。

“它的别名就是‘抖翅鸟’②，”梅里叔叔说道，“你们一眼就能看出这名字的来由吧！”

“叔叔，它飞向篱笆那边了，”帕特说，那鸟儿飞到附近绿色的山楂树里头去了，“它可能在那里有个窝，您说是吗？”

鸟儿又重新飞了出来。梅里叔叔蹑手蹑脚地走到篱

---

① 林岩鹨英文原文为 hedge sparrow。

② 英文原文 shufflewing 直译为抖翅鸟，但中文别名里没有这个名字。

笆边，将几根细枝拨开，眼前出现了一个鸟窝，里面还有一只正在孵蛋的鸟呢。这只鸟受惊而逃，梅里叔叔把孩子们叫拢来。

“我实在不忍心吓到一只正在孵蛋的鸟，”他说，“但是你们一定得亲眼看一下鸟类王国中最美丽的场景之一。看吧！”

孩子们注视着，鸟窝里有四枚林岩鹨的蛋，如头顶的蓝天般澄澈，在褐色杯状鸟巢的陪衬下熠熠生辉，可以想见破壳而出的定会是一抹抹最鲜艳的蓝色。

“哇，好可爱！”珍妮特惊呼，她的眼中闪耀着喜悦的光芒，“真是，真是完美！”

他们离开这窝鸟蛋继续前行，好让鸟妈妈回来照料。一只熊蜂飞过大家身旁，珍妮特差一点儿又要尖叫，好在这次忍住了。弗格斯可忍不住，怒气冲冲地跳了起来，那家伙竟敢如此靠近自己的鼻子。

“嗡嗡嗡！”熊蜂嘟囔了几句，飘然离去。

“熊蜂整个冬天都在堤岸上的一个洞里睡觉，”梅里叔叔说，“它也是个小可爱，那厚厚的毛就像给自己披上了一件天鹅绒大衣，对不？”

“梅里叔叔，我们今天还没发现一朵新花呢，”帕特说，“是不是有点儿奇怪？”

“并不奇怪，”梅里叔叔笑着说，“今天，我们大部分时间都在抬头，望天，观鸟，不是吗？人怎么可能在抬头望向天空的同时低头看着地面呢。那就让我们从现在开始，来吧，看看谁会第一个发现新花！”

又是约翰，毫无悬念，似乎没有什么东西能逃脱他的眼睛；珍妮特有点儿梦想家的气质，有时看似观察着什么，实则视而不见；帕特则总是操之过急，看见许多事物，却并没有细致地观察，和约翰一样的是，他也经常看错。

“这里有一朵漂亮的小花！”约翰喊道，随手从堤岸上摘下一枝。这是朵小小的玫瑰紫色的花，每片花瓣最宽的边缘处都有缺口，叶子几乎是圆形的，覆盖着柔毛，叶缘是深裂状的。

“这是软毛老鹳草①，”梅里叔叔说，“是品种繁多的野生老鹳草之一。”

“为什么要叫它‘鹳嘴’？”约翰问道，“在这朵花上，我可丝毫看不出鹳嘴的样子。”

“现在是看不出，你必须等到种子成型时才能看出来。”梅里叔叔解释道，“那时，你就会看到花朵中间长出一条长长的‘嘴’来，像极了鹳的长嘴。”

“那这是另一枝软毛老鹳草吗？”帕特指着另一朵

① 英文原文dove's foot crane's-bill，直译为鸽足鹳嘴。

花，问道。

约翰瞥了一眼。“当然不是啦！”他说，“这花儿也许算是粉紫色的吧，但你看看叶子呀，傻瓜！两种完全不一样嘛！”

的确是完全不同，这种花儿的叶子全都被切成手指状，全然没有软毛老鹳草柔软叶子的圆润状。“我曾在秋天见过这种叶子，它们会变成鲜艳的红色，对吗？”约翰若有所思地说。

“非常正确。”梅里叔叔说，“帕特发现的这种花，也是另外一种野生老鹳草，名叫汉荭（hóng）鱼腥草[①]。仔细瞧瞧这两种花儿，找找它们的不同之处——尤其是你，帕特。看看软毛老鹳草的花瓣是缺刻的，叶子是圆形的；而汉荭鱼腥草的花更大一些，叶子是全裂的。迟些时候，当这些植物结籽时，我们就会见到它俩都能长出鹳嘴形的种荚。”

在这之后，孩子们又发现了更多的花，其中有一朵花被帕特称作“黄色野芝麻”，因为它看起来还挺像野芝麻的。

“这是花叶野芝麻。”梅里叔叔说，“它自然是属于唇科家族啦，你们能看到它与其他我们已知的家族成员之间的相似处，尽管它的叶子并不是那么典型，不像短柄

① 别名为纤细老鹳草。

野芝麻的那样。注意看它的下唇瓣，那是供蜜蜂降落的平台；再来看看下唇瓣，你们能在那儿发现它的雄蕊和雌蕊。它们生长的位置颇为讲究，使得蜜蜂在寻找蜂蜜时，背部会不可避免地擦上花粉，飞走的时候浑身都沾满花粉。等它再去拜访下一朵花叶野芝麻时，就会顺便把花粉蹭到雌蕊上了。”

“我实在是被花儿的智慧所折服，它们绞尽脑汁地与昆虫合作，使得自己的花粉得以传播出去，”珍妮特评论道，“真是太神奇了！而其实它们并没有‘脑’可以思考，又不像我们人类，可是却有那么多点子，来实现最完美的效果。这真是一个谜！”

“确实神秘极了。”梅里叔叔也有同感，“看，那儿是第一朵黄花九轮草！我必须说出这个来，因为我觉着吧，今天上午好歹自己也找到了一朵新花！”

长在附近草丛里的黄花九轮草，在风中点了点头。

“我知道，它属于报春花科植物。”珍妮特摘下一朵，说道，“哇，这花闻起来好香！下个月，这里得盛开上千朵这种花吧。叔叔，我们一定要采一大捧，然后带回家给妈妈。”

漫步者们绕了一大圈，这会儿都快到家了。弗格斯在前头蹦蹦跳跳地走着，随后在一个普通的兔子洞前停

了下来。它一头扎进洞里，一阵黄土撒落在身后。

帕特上前想把它拖出来，可这次弗格斯是铆上劲儿了，任谁也无法把它拖向回家的路。正当帕特弯腰想要牵住小狗的时候，他看到了附近生长着一些较宽大的叶子。帕特凝视着叶子，似乎在努力地回忆什么：宽大的蛛丝叶子——像小马驹的形状——是款冬花的叶子！帕特的思路逐渐清晰起来，这回他充分运用了自己的大脑，随即大声喊道："看呀！款冬花的叶子！我总算头一个找到它们啦！"

"机灵的孩子！"梅里叔叔看上去也高兴极了，"没错，正是它们。你们还记得之前生长在此地的款冬花的花朵吗？瞧见没，现在有些正在结籽啦。叶子很宽大吧？你们看看上面多像蒙了一层蛛丝啊。我非常高兴你能发现它们，因为我早已将它们抛诸脑后了。"

帕特感到无比自豪，现在他可算是听到梅里叔叔称赞他了。大伙儿个个都心情愉悦地回家去。刚进家门，外面就下起一场暴雨，横扫乡间，短短数分钟就把一切都浸湿了。

"我们下次的散步会在五月。"梅里叔叔说，"我们得祈祷自己到时候长出无数双眼睛来，因为要看的东西实在是太多啦！"

自然小课堂

鸟巢的种类

编织巢：我们最常见的鸟巢呈碗状或浅杯状，是生活在森林或灌木丛中的鸟类在树枝上搭建而成的。这种巢叫作编织巢，构造精巧，制作复杂，筑巢的材料通常是树枝、树皮纤维、树叶、草茎、毛发等。大部分树栖鸟类都会造出这种巢来，只是精致程度有所不同罢了。文中提到林岩鹨的鸟巢是褐色杯状的，就是编织巢。

地面巢：雉鸡、鸵鸟、企鹅等鸟类，以及一些水鸟，会选择在地面筑巢，多用树枝或石子拼搭而成，有的会铺点儿干草或羽毛。这种巢结构简单，极不安全。

洞巢：鸟类多利用天然的洞穴来营巢，稍作加工，就能据为己有。比如，森林中的鸟类多利用树洞，海鸟会利用崖壁上的岩洞来营巢。

浮巢：䴙䴘（pì tī）、疣鼻天鹅、燕鸥、水雉等水鸟，会利用水草、泥土、羽毛，在水面上筑起轻巧却富有韧性的巢。

五月自然散步

一朵朵蓝色的花盛开着，千百朵花聚在一起熠熠生辉，恰似一片湖光碧水。珍妮特的心中充满无尽的喜悦，却找不到合适的句子来表达。她下定决心要把这幅美景牢记于心，等自己独处时再推敲出贴切与优美的词语，酝酿成诗。

5

徜徉在五月花的海洋里

这是自开始散步以来最美好的一天。包括弗格斯在内的五位漫步者，又一起愉快地踏上新的旅程。他们记得最初开启乡间散步之旅的情景，那是荒芜而萧瑟的一月，哪怕是随便找到一朵什么花，都足以让人激动万分。而现如今，千姿百态的花儿像是为大地铺上了一层地毯，树木都已长满鲜嫩而秀丽的新枝，昆虫与小动物无处不在，一派生机勃勃的景象。

“在我看来，恐怕今天我们的注意力要完全被花朵们占据了，其他事物似乎很难分一杯羹。”梅里叔叔望着田野和山丘，说道，“你们见过如此色彩斑斓的世界吗？”

“草甸里黄色的驴蹄草、山坡上迎风起舞的黄花九轮草、树林中的报春花和犬堇菜，还有草地里的毛茛和如

一汪碧水般闪耀的蓝铃花！”珍妮特低吟着，内心的欢喜让她情不自禁。

“如果你是一只鸣禽的话，这些应该就是你鸣啭的内容吧。”约翰睿智地说，“叔叔，我想穿过树林，去看看那里的蓝铃花。我想它们已经开放了，因为这些天阳光很充足。”

“那就赶紧走吧！”梅里叔叔说。一行人朝着树林走去，很快一大片蓝铃花就映入眼帘。美景当前，大家都驻足凝视，连弗格斯也不例外。

“一幅多么美妙的画卷正展现在你眼前呀！”梅里叔叔悄声对珍妮特说，“难道你不想把这美景抓住，并写一首隽永的诗吗？”

珍妮特点点头。一朵朵蓝色的花盛开着，千百朵花聚在一起熠熠生辉，恰似一片湖光碧水。她心中充满无尽的喜悦，却找不到合适的句子来表达。珍妮特下定决心要把这幅美景牢记于心，等自己独处时再推敲出贴切与优美的词语，酝酿成诗。

他们采了一些蓝铃花，这些花散发着怡人甜美的芳香。约翰注意到这种花有鳞茎，和家里种的雪滴花一样。他拔起一株来细细端详后，说道：“这有点儿像小型的洋葱。”

“没错，洋葱也是具有鳞茎的植物，”梅里叔叔说，“你们看见这种花肥厚的叶子了吗？等到蓝铃花花期结束，凋谢枯萎之时，绿色的叶子就会变得很长。叶子尽可能多地吸收空气和阳光，再将其转化为食物，并将这些食物传递至下方催生出一个新的鳞茎。而等到将所有养料打包发给生长中的新鳞茎后，叶子也就凋亡了。春天来时，鳞茎就能给花儿的生长提供养料。你们瞧啊，当暖洋洋的阳光洒下时，成千上万朵蓝铃花就从鳞茎里冒出来，为我们编织出一张如此曼妙多姿的蓝色地毯！”

当漫步者们离开开满蓝铃花的树林前往田野时，另一种美景正静候着他们。千万枝毛茛冒了出来，它们的长势喜人。有一片田野已完全被毛茛覆盖，仿佛穿上了一件金缕衣。孩子们再一次停下脚步，满心喜悦地观赏着。梅里叔叔看了一眼孩子们。

“我们走进乡村，不仅仅为了寻找乐趣，”他说，“同样也为了寻找美景，不是吗？今天我们已经有幸见识了两种乡村中最美的景致——蓝铃花树林和毛茛草甸。”

金色的毛茛倾斜地向田野里延伸开去。在那里，篱笆在五月烈日的灼烧下已呈蓝紫色。邻近的堤岸上，白色的雏菊如满天繁星，一只脚的面积能覆盖二十朵以上。繁花遍地开放，不留下一个死角，不放过一道缝隙。珍

妮特有一种被美好事物团团包围的感觉，以至于她除了傻站着凝视以外，啥事儿也做不了。

“噢，五月佳期，收起你欲振翅高飞的羽翼，让春天永远与我们相伴相依！”梅里叔叔说，“珍妮特，我估摸着，你应该也深有同感吧。”

珍妮特长吁一口气。“我也希望一直就像现在这个样子。”她说，“叔叔，我从前根本就没有真正地观察过事物，而我现在一定是透过您的眼睛在观察！”

“一开始，你确实是透过我的眼睛，”梅里叔叔说，“但现在，你正在学着用自己的眼睛去观察，而这样做带来的喜悦和领悟要远多于通过别人的眼睛看！”

这一天，孩子们发现的事物里，有的生长在田野中，有的长在堤岸上，还有的长在树林里！新开的花得有数十种！孩子们把花摘下并拿给梅里叔叔看，他全部都认识——既知晓花儿们的家族，也了解它们的历史。然而一段时间过后，梅里叔叔不再告诉孩子们太多的信息，他说怕大家记不了那么多。

“你们必须花上几个小时的时间，在花卉图书中自己查找。”他说，“这种方式会让你们学到很多知识，而且还很有趣！”

当然，孩子们自己也能分辨出一些花来。比如说，他们认得田野里红车轴草与白车轴草，珍妮特还教约翰如何挑选出管状的花瓣放到嘴里，尝尝尖端那里是否有花蜜。“蜜蜂可喜欢这个啦。”珍妮特说，“叔叔你看，当蜜蜂取走蜂蜜并给花儿授粉以后，外层的花朵便翻折下来凋谢了。”

“这儿有一株小巧可爱的香豌豆，”约翰说，他兴奋地与弗格斯手舞足蹈起来，“真是迷你型的。”

“这是野豌豆，”梅里叔叔说道，“就像你说的，这是一种野生的香豌豆，属于庞大的豆科植物家族，家族成员多得不计其数。花上半个小时，安安静静地翻阅花卉图书，能帮助你们寻找和辨识常见的一些品种。车轴草也同样属于豆科家族，约翰，你注意到了吗？”

约翰点了点头，指着一朵正在盛开的黄橙色豆状花，问道：“这儿还有另外一种呢，这是什么花？”

“百脉根，又叫鸟爪三叶草，”梅里叔叔说，“你们很快就会理解这个名字的由来啦。等它们的种荚成型时，会长成小小的一串，看起来像极了鸟儿的爪子！”

“我会记得去找它们的。”约翰说，“哇，叔叔，快看那灌木丛！”

大家齐刷刷地注视着灌木丛。那儿已经完全被鲜艳的黄色花覆盖了，三个小朋友瞬间就辨识出这些花也属

于香豌豆家族。

帕特欲言又止。

“帕特，你想说什么呢？”梅里叔叔问他。

“我本来又要说傻话了。”帕特回答，大家都笑了。他接着说，“我本想说这是荆豆花，但意识到这并不是，因为它们并没有棘刺。”

大家笑得更欢了。

“帕特可算是找到了眼睛的使用说明书！”梅里叔叔说，“这是金雀儿，确实是荆豆花的‘表亲’。我们待会儿摘下一些带回去给你们的妈妈，她会喜欢的。”

大家当即采下几束来。金雀儿的枝条很坚韧，梅里叔叔必须动用他的小刀。

自然小课堂

花卉记录册

你能在一年中的任何一个月里找到花儿的踪影，尽管在春夏两季才能发现数量最多的花。在冬天，能找见的花儿寥寥无几，但只要下定决心去搜寻，找对地方，一定能轻易发现它们。

当你找到时，到花卉图书里去查阅它们的信息。此外，如果你愿意的话，还可以把它们按压并贴在你的干花书上，并在一旁写下它们的名字。随手也可以写下任何关于它们的奇闻逸事，这样到年底时，你就会拥有一本神奇的记录册，记载了你自己找到的常见的花。

你可以给自己定个目标，一年找寻100种花。如果你学着去了解这100种花，你将拥有一个非常不错的开始。第二年你可以再度去寻找它们，并给自己额外设定一个发现新花的目标，比如50种。如果你觉得自己能行，100种也可以。

6

植物是了不起的发明家

“今天上午真是见识了不少豆科植物啊。”约翰说，“噢，叔叔，看弗格斯呀，它也找来了一朵花让您来认认呢！”

弗格斯之前在沟渠中翻来滚去的，身上黏上了某种绿色的植物，怎么弄都掉不下来。弗格斯看上去一副很嫌弃的样子，跑到梅里叔叔身边，恳求他为自己移除这种东西。

“哈，真是只好玩的小狗。”帕特边说，边帮它扯下那些绿色的东西，“叔叔，这种植物是不是铁了心要黏着弗格斯啊？这是什么呢？”

“这是猪殃殃，别名拉拉藤。”梅里叔叔回答，“它会紧贴或附着在人类或任何过路的动物身上。它有着非常微小的白色花朵，你们看见了吗？”

“它为什么要像这样黏着我们呢？”帕特一边问，一边移除自己身上黏着的猪殃殃。

“它的茎非常脆弱、散乱，”梅里叔叔回答道，“但就像其他植物那样，它也需要长高一点儿，以便接触到阳光。于是，它就用细小的钩状器官武装自己，钩住其他植物，使自己得以攀升上去。很聪明的主意，不是吗？”

“是的，聪明极了。”帕特说，终于把黏在身上的最后一点儿杂草除去了。约翰迅速跑到篱笆边，抓起一把猪殃殃劈头盖脸地扔向帕特！这杂草很快就又黏上他了，帕特愤怒地瞪了一眼约翰。

“别让我抓住你！”他说。约翰傻笑着，跳着舞走开了。“他就是喜欢开这种幼稚的玩笑！”帕特说着，自己却拿定主意，打算趁梅里叔叔不注意时也把猪殃殃黏在他背上。

关于猪殃殃，梅里叔叔还有一些要补充说明。“猪殃殃在传播种子时，采取的也是这种‘钩’搭办法。”他说，“当果实成熟时，长得就像颗绿色的圆球，刺非常多。这些圆球上覆盖着细小的钩子，当我们路过时，它们就会黏在我们的袜子上，或是狗的皮毛上。这样一来，种子就会被我们带走，又会被我们抖落在田野里其他遥远的地方！因此，猪殃殃确信自己的种子可以传播开去。”

“又是一个绝妙的主意，”帕特说，“植物真是了不起的发明家，对不对？它们似乎想尽了一切办法！”

“应该是除了轮子以外的一切办法，”梅里叔叔说，“人类发现或发明的一切机械型装置，植物大部分都使用过，但从未使用过轮子。”

“以后我们再来寻找猪殃殃带钩的种子球吧，”珍妮特说，“我们‘以后’得寻找的东西可真多，是不是啊？让我想想看，我们上个月看到的一种花，本来打算在这个月来寻找的是什么来着？哦，我想起来了，是软毛老鹳草的种荚，看看它们是不是真的长得像鹳嘴。”

大家都开始到处搜寻，约翰找到一个种荚，拿给梅里叔叔看，并说道：“种荚果然像鹳嘴一样，长长的、尖尖的！”事实确实如此。帕特找到了一些果实正成熟的汉荭鱼腥草，而它们的种荚也像鸟类的长嘴。

“我觉得好多花都有美丽的名字。”约翰说，“噢，看呀，这是一朵琉璃繁缕吗？”

梅里叔叔低头看去，路边长着一株微小而不起眼的植物，开着娇艳的鲜红色花。这种小花很可爱，孩子们都喜欢。

“没错，你肯定不会认错琉璃繁缕，”梅里叔叔说，“这是我们这儿仅有的几种红色野花之一。奇怪的是，很多昆虫似乎都对此视而不见。因为这些昆虫都是色盲，根本看不出红色来。琉璃繁缕的别名是‘穷人的晴雨表’，因为它的花瓣在坏天气里会合拢，而等到天气晴朗时就会再度绽放。”

“现在它的花儿开得正盛，所以天气一定会是晴朗的！”帕特说。

和琉璃繁缕共同盛放的还有许多其他新开的美丽花朵，有长着四片浅黄色花瓣的洋委陵菜，有花头由看起来很像白色雏菊的小花构成的蓍（shī），还有玫瑰粉色的球果紫堇，别名大地青烟。

在田野边，长着一些小小的野生三色堇，珍妮特摘下来给梅里叔叔看。

“没错，这是野生的三色堇，也叫心安草。”梅里叔叔说，“它们长得多迷你啊，是不是？”

他们来到一片田野里，那里长着许多淡紫色的花儿，茎干挺直。“女士的罩衣！”珍妮特说，因为这种花有如此有趣的名字，所以她在花卉图书中注意到了。

“也被称为布谷花！”梅里叔叔补充道，“一株植物拥有两个好听的名字。瞧，第一枝开放的兰花——斑点红门兰，多漂亮啊！还有很多雅致而美丽的兰科植物等着我们呢，蜂兰就是其中之一。我们找到它时，就会发

现它的花朵形状和色泽都在模仿蜜蜂。那儿有另一枝斑点红门兰，看呀，珍妮特，还有一朵，摘下一两朵带回家给你们的妈妈吧。”

“今天，我们将带回家的花卉集锦多么迷人啊！”珍妮特看看金雀儿，又看看蓝铃花，看看毛茛，又看看其他花，感慨道。

随后，异株蝇子草也被添加到集锦中来，此外还有匍匐筋骨草——这种花正如约翰所说，极易判断其唇形科植物的属性。孩子们还找到了许多车前草[①]并扎成一小捆，回家后就能查阅它们各自不同的名字了。在穿越树林时，孩子们还摘了些野生草莓的花。约翰努力想记住它们的确切位置，这样等夏末时节果实成熟时，就能回来采果子了。

在池塘边，珍妮特采集了一些野生的黄菖（chāng）蒲。与此同时，弗格斯又丢人现眼了，再一次一头栽进水里。

“它落水都快变成习惯了。”帕特说着，一边忙着避开飞溅的水滴。

大家还在池塘和小溪旁边找到了婆婆纳[②]、沼泽勿忘

---

① 学名大车前。

② 学名有柄水苦荬（mǎi），别名欧洲婆婆纳。

草、聚合草、紫萼路边青。孩子们还腾出点儿时间来观察小蝌蚪，它们这会儿都已经长出一对或两对脚了，有些已经有几分小青蛙的模样了。

“现在我们该回家了，不然都要赶不上午餐时间了，那样的话，妈妈就再也不会让你们跟着我出来了。”梅里叔叔说，“快点儿来吧。嘿，帕特，快看你脚边那片琉璃繁缕啊，花儿全都合拢了！”

孩子们低头看看琉璃繁缕，随后又抬头看看天空。大块的云朵正横扫天空，空气中增添了几分凉意。“琉璃繁缕这是在提醒我们呢，今天剩下的时间里天气都将会是潮湿而阴沉的。”珍妮特说。

“那么，我建议各位，今天下午就把你们的花卉图书拿出来，把今天带回去的花束中的每一朵花都仔细查阅一下，把它们的名字整齐地写在小标签上。”梅里叔叔说，“然后玩个游戏，打乱标签，看看谁能在‘花儿对对碰’游戏中获胜！你们必须为每一张标签找到相匹配的花，我还是支持约翰会胜出！”

“噢，这可真是个学习花卉名称的好办法！”珍妮特欢欣鼓舞地说，“梅里叔叔，您的好主意真是层出不穷！”

他们只能仓促地跑回家，因为云层已聚集得越来越厚，五月的美好时光也随之消逝。“在我们下一次散步中，一定得好好看看树。”梅里叔叔说，“大部分树已经开花了，不止是我们花园中的毒豆和丁香[①]，它们颜色鲜艳而花哨，因此很容易辨识，还包括森林里面的树，比如水青冈、栎树、西克莫槭树和桤树。”

“我们还得留意一些昆虫、鸟类和小动物，”珍妮特说，“因为我们今天几乎没有说起过它们中的任何一员。您说得对，梅里叔叔，今天真是一场不折不扣的寻花之旅！”

弗格斯和梅里叔叔的身影渐渐消失在他们家的花园中，而孩子们也跑到自家门前的小路上。“妈妈，我们带回了上百朵花！等过了今天下午，我们就能认全它们了。您认得全这些花吗？”

妈妈看看他们带回家的花。“我认识一些吧，”她说，“但就像大多数成年人那样，出门在外恰好遇见时，我会看一眼花，除此之外，我并不会做其他任何事。等到了年末，你们这方面的知识就要比我丰富得多了。幸运的孩子们！”

---

① 学名欧丁香。

7

看谁发现的开花的树多

到现在，三个小朋友才算真正开始掌握观察和倾听的窍门了，即便梅里叔叔不在场的时候也行。就算只是走出家门到花园里看一圈，他们也能发现数十种生物，包括鸟类、花卉、树木和昆虫。如果是雨天，他们便阅读有关大自然的图书，查阅花卉及昆虫的信息并准确说出它们的名字，再干点儿别的。

一天早上，约翰跑到花园，听到燕子们在一起叽叽喳喳。他特别爱听燕子们小声说“叽喳叽，叽喳叽”。他抬头望向它们时，还看到另外一种鸟正和它们一起飞翔。

“那一定是雨燕吧，”约翰自言自语地说，“它是炭黑色的，梅里叔叔说过。它那镰刀般的翅膀多么宽大呀，就像一根飞翔的船锚！”

梅里叔叔正好也在自家花园里，约翰冲着围墙那边高声喊："叔叔！今天我看到一种新出现的鸟啦，我敢肯定是雨燕。它一定是今天早上刚刚才返回这片土地的。"

梅里叔叔放下手里的书，大笑着说："噢，约翰，雨燕回家已经有一阵子了！我并没有提到这事，就是想看看你们这些孩子什么时候才会发现。你还记得四月份时的散步吗？当时是我们头一回看见燕子。怎么说呢，隔一天我就看到雨燕了！话说回来，这也是因为我已经习惯了观鸟，所以会对它们的回归或离开都格外在意，而你们还做不到。但我一直在好奇，你们究竟何时才能发现飞翔在空中的燕子和毛脚燕已经有了新的小伙伴。"

雨燕飞低了，发出一声尖叫。"它并不具备像燕子那样音乐般悦耳的嗓音，"约翰说，"梅里叔叔，但它有个好名字[①]，对不对啊？它的确飞得非常非常快！"

"它确实是不知疲倦的，"梅里叔叔说道，"有些人甚至说雨燕不分昼夜地飞。你看，它几乎不落在栖木或地面上停歇。它会在飞行中捕捉食物，获取筑巢用的材料。"

"如果我能变成一只鸟，我就要做一只雨燕，"约翰说，"没日没夜地在天空飞翔，该多么美妙啊！"

"弗格斯哪儿去了？"梅里叔叔环顾四周，问道。

---

① 雨燕的英文为swift，表示迅速、敏捷。雨燕是飞翔速度最快的鸟。

“正在舔我的光脚呢，”约翰咧嘴笑着说，“它从您花园尽头的一条缝隙里挤过来，穿到我们家的花园里来了。叔叔，您今天忙吗？弗格斯似乎挺想去散步呢。”

“汪汪汪。”弗格斯立刻表明态度。

“约翰，我猜其实是你自己想去散步吧。”梅里叔叔说，“好呀，先让我完成手头这点儿工作，再带你们出去逛一会儿。嘿，看那只鸟！”

他们同时望向一只立在附近木桩上的褐色小鸟，它似乎正在监视着梅里叔叔的花园。它突然离开木桩，一阵疾飞，用嘴巴咬住一只飞虫，转身就又飞回到刚才停留的那根木桩上。约翰仔细观察着鸟儿的往复动作，它总是会多次飞回到同一根木桩上。

“又一种候鸟归巢了，”梅里叔叔朝着这只小鸟的方向点点头，说，“这是鹟（wēng）鸟[①]，很灵巧的小鸟，是不是？你总能轻而易举地认出它来，只要通过观察它的这种习惯就行。它总是找个适合监视的地方，一个冲刺飞出去捕捉飞虫，然后再返回到同一个据点。”

“我的鸟类图表中又能增添一个新品种了！”约翰高兴地说，“梅里叔叔，我正在制作一张鸟类图表呢，同时也在做花卉图表。”

---

① 学名斑鹟。

“很好，”梅里叔叔说，“那我可得好好看看你的图表。麻烦你先走开一下，让我继续工作一会儿，一小时后和你的哥哥姐姐一起过来吧。”

于是，一小时后，三个小朋友眼巴巴地望着墙头那边，想看看梅里叔叔是否完成了手头的工作。他们听到打字机传来“嗒嗒嗒”的声音，叔叔抬起头恰好看到孩子们期盼的眼神。

“就快结束了，”他说，“你们自己先顺着那条小路走到底再走回来，我那会儿就能准备就绪了。就当试试自己能发现多少棵正在开花的树，怎么样？我觉得约翰找到的会最多！带上铅笔和本子，记下你们所发现的树木的名字。”

“这一定很有趣。”约翰说。

“梅里叔叔总是觉得约翰最棒，”帕特有点儿愤愤不平，“我必须证明给他看，我写下的名字是最多的！”

帕特他们带上本子和铅笔出发了，弗格斯跟着他们四处嗅探不停。当孩子们走完这段路，每个人的本子上都歪歪斜斜地写了不少字。

那天上午，绿树显得特别苍郁，七叶树长出了十多片崭新的幼叶。“它看起来就像点缀着蜡烛的一棵巨型圣诞树。”珍妮特说。毒豆则披上了一层金色外衣，丁香使空气中芬芳满溢。在小屋的花园里，苹果树和梨树都开花了，这片小小的天地俨然成了粉色和白色装点的仙境。

花楸（qiū）树[①]也开花了，繁花似锦，压弯了枝头，香气浓烈。雪球树[②]盛开着球形的花朵，看起来就跟花做的雪球一样。约翰和帕特写下了“雪球树”，但是珍妮特写下了它的正确名字“荚蒾（mí）”。能知道这个学名，她心里可自豪了。

篱笆上布满了灿烂的白色山楂花簇，花香甜美而浓烈；篱笆下散落着凋落的白色花瓣，像铺了一层地毯。

“就像有人正在举行婚礼一样！”珍妮特说着，哈哈大笑起来，“这些花瓣看起来多像在婚礼上抛撒的五彩纸屑，对不对？”

孩子们都走到了小路的尽头又返回了，他们都在试图偷瞄其他人列的清单，每个人都确信自己写的是最长的！只有弗格斯毫不关心树木，只是沿着堤岸匆忙地一路嗅个不停。

等大家回来时，梅里叔叔已经准备好了。“好嘞，”他说，“我看看谁找到的最多。”

“我找到八种。”帕特说。

“我找到了十一种！”珍妮特说。

---

① 学名欧亚花楸，又叫山梣树，英文名 mountain ash。

② 学名欧洲荚蒾。

“我找到了十四种。”约翰说。其他人都瞪着他。

“你不可能找到这么多，”帕特惊讶地说，“几乎是我找到的两倍，不可能的！”

“怎么啦，我就是找到了这么多。”约翰说，他把名字一个个念出来，“丁香、毒豆、苹果树、梨树、梣树、水青冈、七叶树、红豆杉①、冬青树②、花楸树、山楂树、栎树、雪球树和西克莫槭树。”

“干得漂亮，约翰！”梅里叔叔微笑着说，“比方说，你注意到了微小而隐匿的栎树花，他们都没有发现；接着你又看见了那一小束梣树花，它们日后会长成我们所熟知的梣树翅果；你还发现了冬青树那微小的白色花。我心里有谱，就知道你不仅能看见显眼的花，更能探寻到那些隐藏的花朵。谁都能注意到七叶树的花，但很少有人会到红豆杉的灌木丛中去寻找盛开的小花，而那些小花之后会长出蜡质的粉色浆果。”

约翰特别得意。哥哥姐姐总是戏弄或嘲笑约翰，因为他比他们小很多，能在某件事情上做得比他们好，约翰别提有多高兴了。

“好啦，我们走吧！”梅里叔叔说，“弗格斯一分钟

---

① 学名欧洲红豆杉。

② 学名欧洲枸（gǒu）骨，别名英国冬青。

也多等不了啦。再不动身的话，我觉得它会憋不住、爆发出阵阵怒吼的。”

自然小课堂

做自然笔记

梅里叔叔让孩子们用铅笔和本子记下所发现树木的名字，这其实是在记自然笔记。记录自然笔记的方式有很多种，包括文字描述、绘图、摄影、录视频、录音、标本采集与制作等。不管你采用什么形式，都要尽可能详细地描述出观察对象，然后再做些思考，比如，事物之间的联系，你的感受，你会有哪些收获。

做自然笔记的好处在于，不仅能够帮助你跟他人分享你的那些自然发现，还能在你写作文时作为素材。当然，你还可以在自然笔记中画画，将你喜欢的事物画下来，不用担心画得好不好，因为画画的主要作用在于帮助你更仔细地观察事物。你还可以为你喜欢的自然景物写一首小诗。

8

带株有蝴蝶虫卵的花回家观察

“现在野外是不是有很多昆虫呀？”正当大家再度踏上那条小路时，珍妮特问道，“现在外头都是飞虫，草丛中都是小甲虫。昨天，我听到一只蝗虫在我耳边发出好吵的噪声。而蜜蜂更是全天无休嗡嗡嗡地叫个不停。”

“我喜欢观察蚂蚁，”约翰说，“我觉得它们非常聪明。叔叔，昨天我看到一些蚂蚁把一只死掉的毛毛虫拖进一个蚁穴里，但虫子太大而洞口太小。于是，蚂蚁们好像为了这事开了个会似的，会后它们决定把这个洞给拓宽一点儿。接着，我就看着蚂蚁们一点一点地往外挖土，直到它们能把毛毛虫运到洞里去。”

“对的，蚂蚁确实是神奇的小家伙。”梅里叔叔说，“等晚些时候，数百只长着翅膀的雌蚂蚁会从蚁丘里出来四处飞翔。”

“我从来没听说过哪种蚂蚁长翅膀的，”珍妮特惊奇地说，“回到家，我可得好好翻阅昆虫图书研究一下它们。叔叔，您该不会告诉我，连蠼螋也会飞吧！”

“可人家的确会飞啊。”叔叔又给出了一个令人诧异的答案，“蠼螋拥有美丽的薄纱般的大翅膀，整齐地折叠并隐藏于鞘翅下，你们或许会认为那只是它们背部的一部分。有时，它们会振动翅膀，变身为飞翔的蠼螋，蹿入空中飞走。”

“噢，天啊，居然有这么多不可思议的事情是我们不知道的，”珍妮特说，“但我绝对从来没有见过蠼螋飞行。叔叔，我猜想，它们把翅膀折叠在鞘翅下面的情形，是不是跟瓢虫一个样啊？”

“没错。”叔叔回复，“说曹操，曹操到，这根枝杈上面就有一只美丽的带星大瓢虫。它是否会亮一下翅，让我们拭目以待吧！”

梅里叔叔让这只聪明的小昆虫爬到自己的手指上，当它爬到指尖时停了下来。接着，它展开鞘翅，亮出了折叠在鞘翅下面薄如蝉翼的翅膀。扇动几下翅膀，它就倏然飞入空中。

“可算是让我们看到了！”梅里叔叔说，“昆虫里的

大多数全天展开翅膀，无法收起来，比如蜜蜂和蝴蝶；还有一小部分，当它们在地面上走动时，能把翅膀整齐地折叠起来并收好，比如瓢虫和蠼螋。”

“就好像我们把衣服折叠起来收纳进衣柜一样，”约翰说道，“它们能把自己的翅膀收纳好。”

这一天，还出现了许多毛毛虫，有毛茸茸的，也有赤裸无毛的，有绿色、橙色或褐色的。

“有趣而贪吃的小东西！”珍妮特说，她正看着一些毛毛虫在啃刺荨麻的嫩枝，“除了吃，还是吃！”

“难怪它们长得这么胖，连自己的皮肤都撑破了！”梅里叔叔接着说，“反正它们那层外皮之内还有一层精致的全新皮肤，也就无所谓啦。过不了多久，这些毛毛虫就会变得昏昏欲睡且食欲全无。接下来，它们就会最后一次蜕去外皮，变身为小而坚硬的蛹。有时，它们还会吐丝结网把自己吊起来，舒适地躺在它们的茧或蛹里头。之后再过几星期，蛹的硬壳就会破裂，而破蛹而出的就是……”

“蝴蝶或飞蛾！”三位小朋友齐刷刷地高声喊道。

“我想带些毛毛虫回家，那样我就可以观察它们蜕变的整个过程。”约翰说，“在我看来，这就如魔法般神奇。叔叔，一只毛毛虫是怎么一觉醒来变成蝴蝶的？我实在无法在这样两种迥异的生物之间画上等号——一只毛毛虫与一只蝴蝶！一种是贪吃的爬虫，另一种则是有着舒展翅膀的轻盈而美丽的小东西！那翅膀究竟是怎么从毛毛虫的身体里长出来的呢？噢，叔叔，这真有某种魔法，对不对？”

“这当然是一种非常奇特也十分妙不可言的现象！”梅里叔叔说道，“但约翰，你真的想带些毛毛虫回家吗？好吧，如果你真打算这么做的话，也请你务必带点儿它们爱吃的植物回家。它们一定得有合适的食物，才能存活与成长。比如有些毛毛虫喜欢荨麻，有些喜欢篱边杰克，而醋栗尺蠖（huò）则喜欢醋栗叶子。类似这些，我就不一一举例说了。”

“看，那儿有一只非常非常漂亮的蝴蝶！”珍妮特突然说。她指着一只正在飞行的白色蝴蝶。那只蝴蝶的翅膀尖是橙色的，很可爱。

“珍妮特，如果让你来给它取个名字，你会怎么称呼它呢？”梅里叔叔问道。

珍妮特仔细观察这只蝴蝶，注意到了它那漂亮的橙色斑点。“叔叔，我想我应该会叫它橙尖儿蝶或橙斑蝶。”她说。

“有一点还真被你说对了，”梅里叔叔回应道，“这是只橙色尖翅粉蝶。现在注意看，它正在为它的毛毛虫搜寻可以食用的植物呢。这种蝴蝶喜欢篱边杰克，也就是葱芥，我们在三月份的漫步中看到过。”

橙色尖翅粉蝶向下飘落，停在篱边杰克顶端的白色花上头，几乎一动不动地停留在那儿。

“或许等我们原路返回时，就能在花梗上发现它整齐排列的橙色虫卵呢！”梅里叔叔说，“我们待会儿再看吧。如果真是这样，约翰不妨直接把这株花搬回家，将它栽在花盆里，这样就能观察虫卵中孵出橙色尖翅粉蝶的毛毛虫，而虫子们就能直接以这株植物为食。”

“噢，那我可太高兴了，”约翰说，“待会儿回来时我一定会仔细看看的。”

大家继续前行，随后在阳光下的池塘边坐下来。两只黑水鸡匆忙地游过去，翠鸟像一道蓝色的闪电掠过，蝌蚪们现在可大多了，整个池塘洋溢着生机与乐趣。约翰喜欢观察大甲壳虫浮到水面上呼吸新鲜空气的样子。

“它们必须呼吸空气，”梅里叔叔说，“尽管它们生活在水中。它们潜入水中时，会将气泡一起带下去，气泡为它们在水下呼吸提供空气。当气泡里的空气用完了，它们会再游出水面带点儿新鲜空气下去！”

约翰目不转睛地看着大甲虫们。他注意到有一只体形巨大的甲虫，头先浮出水面，然后轻轻地将身体转到一边，开始呼吸；同时，另一只甲虫，只有前者的一半大小，把自己的尾部露出水面来。“它们一定是不同种类的甲虫吧，”约翰问，“叔叔，对不对？”

梅里叔叔点了点头，说：“是的，大的那只是角盾巨牙甲，在池塘里完全无害，因为它吃‘绿色’食物。而另一只是龙虱，可就要凶残、野蛮多了，它会吃蝌蚪，甚至还会攻击鱼类。”

周围依然有鸟在鸣唱，但这会儿合唱声要轻一些，因为许多鸟都忙着筑巢和养育下一代去了。梅里叔叔仔细聆听着一首“歌”，并注视着身边这群小伙伴。“今天有一位全新的鸟儿歌手在为我们鸣唱哦，”他说，“你们听见了吗？”

“我觉得自己听出来了。”珍妮特终于抢答了一次，“这是首嘹亮的歌，有点儿像歌鸫和乌鸫的鸣唱，你们听——叽鸣，叽鸣，叽鸣！”

“没错，珍妮特，”梅里叔叔说，“就是这个调调，那是夜莺在鸣唱，又一种回归的候鸟。”

“但是夜莺应该在夜里鸣唱嘛！”约翰说。

“白天也照唱不误哦。”梅里叔叔解释道，“无论日光还是月光，都能激发它歌唱的欲望。我会带着你们在六月来一次夜间漫步，只要那时它仍然在鸣唱，我们就能听到了。五月是它最活跃的一个月。”

大家坐下来，凝神聆听，却发现要把这首“新歌”从其他鸟儿的声音里分辨出来还是挺困难的。他们听着鸟儿鸣唱时，帕特漫无目的地观察着池塘的水面。突然，他站了起来并指着空中。

“叔叔，那些滑稽的飞虫是什么？看，就是跳着集体舞的那群飞虫！它们中每一只躯干的尾部都有三根长长的尾须。”

“那是蜉蝣（fú yóu），”梅里叔叔说，“它们可是鱼和燕子的一种美食！瞧，那儿就有一条鱼跃出水面来吃它们，同时又有一只燕子掠过水面，一边飞，一边张嘴吞下这些长尾的飞虫。”

一只燕子飞得离弗格斯很近，小狗跳起来咆哮着。它等着鸟儿再飞来时准备一跃而起，但是帕特紧紧地牵住了它的颈圈。

“别这样，弗格斯，”他说，“你可别再演你那出老掉牙的‘落水狗’戏码了。”

大家开始往回走。约翰当然记得在篱边杰克旁驻足。令他喜出望外的是，梅里叔叔的猜想完全正确：花梗上确实有极为细小的橙色虫卵！他挖出这株花，如获至宝般地要带它回家。

“不久后，我就会有一窝橙色尖翅粉蝶的毛毛虫啦！”他说，“梅里叔叔，我还真是个幸运的小子，您说是不是啊？”

“叔叔，您真的会在夜里带我们去散步吗？”珍妮特问，“六月初就会有满月，我们那时候去行吗？”

“没问题啊，”梅里叔叔说，“我们一定会在月圆之夜去散步的。让我们期盼，到时候夜莺会给我们献上一场精彩的音乐会。”

六月自然散步

“光是出去走走并寻找花是远远不够的，”珍妮特像个智者般地说，“我们必须阅读关于花的一些知识。书中会告诉我们各种有趣的事情，就像梅里叔叔跟我们讲述的各种故事那样，而这些事我们自己是不可能知道的。我想了解所有这一切。”

9

在月圆之夜散步

六月的第二个夜晚，月盈似镜。孩子们都异常兴奋，因为他们谁都没有在夜里散过步，对于他们而言这想必是一次激动人心的体验。

约翰下午不得不睡了个漫长的午觉。他还年幼，因此妈妈下令若不午休就不让他在深夜走出去。他们在晚上八点半动身出门。

“其实这会儿天都不会很暗，”梅里叔叔说，“当月亮洒下一片银光，几乎就跟白昼时阳光照耀下一样明亮。”

这果真是一个清朗、美好的夜晚。孩子们跑去与梅里叔叔共进晚餐，地点在他家花园里。花坛里长满了郁金香和羽扇豆，而一株玫瑰也已提前开放，闪烁着红色和粉色的光泽。

玫瑰　　[法]皮埃尔·约瑟夫·雷杜德/绘

“这真是有趣！”珍妮特感叹道，“梅里叔叔，您太有创意了，为我们准备这么好玩的活动。认识您这一年，能让我们开心一辈子。”

“这是我有生以来听到的最动听的溢美之词啦！”梅里叔叔欣喜地说，“如果我像小狗一样有条尾巴的话，你们就会发现我的尾巴正在摇个不停！”

大家都捧腹大笑，弗格斯也摇了摇尾巴，每当有人大笑时它都会这么做。它从约翰那里不时地得到小块小块的美食，也和大家一起全程享用了这顿在户外花园里不寻常的深夜大餐。

“差不多了，我们走吧！”梅里叔叔说，“我认为得走了，如果我们还指望在午夜前返回的话！”

“噢，那就让我们在外面一直待到午夜吧！”珍妮特说，“那将会是多么激动人心而又神秘莫测的场景啊！”

他们终于出发了。夜色正悄悄地掩上田野，但它完全无力将这片天地拖进黑暗里，因为一轮银月很快就射出皎洁的光，覆盖了田野和山丘。

“这景色真美啊！”约翰说，“叔叔，影子真是黑得够彻底的，是不是？”

他们沿着小路前进，走过围栏上的台阶，跨进那片延伸至树林的田野里。突然，一个东西发出一声轰鸣，从珍妮特眼前晃过。她发出一声尖叫："哇！那是什么？"

大家又听到第二声轰鸣。有个东西径直冲着帕特的脸飞去，他举起手来把它捉住，发现是一只褐红色的大甲壳虫！

"哇噢！"帕特丢下虫子，问道，"梅里叔叔，这是什么呀？"

梅里叔叔捡起这只笨拙的大甲壳虫。"这是只鳃金龟①，也叫五月虫，"他说，"它们经常在夜间飞行。当它们在树木间穿行时，就会鲁莽地发出巨大的响声。另外一种甲壳虫也应该会在此时出现，穿越夜空，名叫锹形虫②。"

"噢，"珍妮特心有余悸地说，"真希望这种虫子不会撞上我。叔叔，锹形虫就是那种长有奇特鹿角的黑色大甲虫，对吗？"

"是的。"梅里叔叔回答，"你所谓的'鹿角'，只不过是长相吓人而巨大的上颚而已，它并不能用这东西咬出个口子来。它是一只无害的小东西，并没有什么特别喜欢的，无非就是想从你手上弄两滴蜂蜜吃。"

---

① 学名欧洲鳃金龟。

② 学名欧洲深山锹形虫。

“我才不会让它拿走我的蜂蜜，”珍妮特信誓旦旦地说，“讨厌这种嗡嗡嗡飞近我的东西！”

“我想养一只锹形虫当宠物，”约翰开始唠叨了，“我每天都会喂它蜂蜜，我会……”

话音未落，一大团白色的模糊影子绕着一棵树猛地俯冲下去，而就在约翰头顶，响起了一阵诡异而恐怖的叫声。约翰惊恐万分，攥紧了梅里叔叔的手臂，而珍妮特则害怕得喊出了声。弗格斯咆哮着，脖子上的毛全都竖了起来。

“叔叔！噢，叔叔，那是什么啊？”约翰瑟瑟发抖地说，“唉，我讨厌这东西。”

“这只不过是只仓鸮（xiāo）[①]而已，”梅里叔叔开怀大笑，“你们应该知道大部分猫头鹰[②]都在夜间飞行。在夜里，它们的大眼睛不会放过下方田野里老鼠或大鼠任何一个细微的动作。”

“我一点儿都没听到它扇动翅膀的声音啊。”约翰说。他仍然攥着梅里叔叔的手不肯放开。

---

① 别名猴面鹰、猴头鹰。

② 鸮形目中的鸟就是我们俗称的猫头鹰。

雕鸮

“是的，因为猫头鹰飞行时特别安静。”梅里叔叔解释道，“它特别适合夜间飞行，大大的眼睛、静音的翅膀，撼人心魄的尖叫声更是能吓得那些隐藏的小动物仓皇逃窜。而它腿上的羽毛一直延展到强而有力的爪子上，就算大鼠想转身咬它，牙齿都咬不进猫头鹰的身体。”

“我还以为猫头鹰都是‘咕咕’地叫而不是尖叫呢。”珍妮特不解地说，“哇，那儿又飞来一只猫头鹰，真希望它不要尖叫！”

它果然还是尖叫了，好在这声尖叫在大家的意料之中，所以没有人觉得惊恐。

“现在我们不怕你啦，尖叫的猫头鹰！”梅里叔叔打趣地说，“珍妮特，听啊，你能听到那悠长而悦耳的‘咕咕’颤抖声吗？那就是某种猫头鹰发出来的，而非仓鸮这种尖叫型猫头鹰。”

大家都侧耳倾听那悠远的“咕咕——咕咕——”声飘荡在田野上空，怪异却也动听。

“在夜里活动的鸟很多，远不止夜莺这一种哦。”梅里叔叔说，“来吧，我想带你们去一个地方，那是夜莺常年筑巢的地点。今夜月光朗照，它一定会放声歌唱的。”

大家齐步前行。珍妮特仔细留意鳃金龟和锹形虫的踪迹，还好它们都没有再出现。她看见了许多色泽暗淡的飞蛾，在灌木丛、树林和草地上扑腾着翅膀。而每当有飞蛾掠过脸颊，珍妮特也不再惊叫，因为她心里清楚梅里叔叔有多讨厌这种“犯傻”行为。“另外，毕竟我是喜欢蝴蝶的，所以完全不会介意蝴蝶轻轻擦过我的脸庞或发丝，而飞蛾跟蝴蝶长得多像呀。”珍妮特明智地思考着。

走了一会儿，他们就来到了梅里叔叔想来的地点，小山丘上的一处斜坡。叔叔找到一大片能挡住晚风的荆豆花灌木丛，大家就在坚韧的青草上坐了下来。刚一坐下，只见一两个奔逃的身影出现在月光下。

“兔子！”帕特说，“真可爱啊，它们也出来玩耍呢！”

弗格斯完全动弹不得，因为梅里叔叔的手牢牢地牵住了它的颈圈。兔子！它多么渴望跑过去追逐它们啊！“不行，弗格斯，”它的主人命令道，“这会儿可不行。我们想要安静地坐在这儿仔细观察、用心聆听，把这块地方发生的一切都用眼睛和耳朵记录下来。你给我躺下，暂且做只乖乖狗吧。”

弗格斯极不情愿地躺下了，伴随着一声沉重的叹息，但耳朵仍然朝着兔子的方向竖着。它才不想去听什么夜莺歌唱呢，它的全部注意力都被那些诱人的兔子牢牢吸引过去了。

有明月相伴，坐在那儿真是一种美的享受。树木时而一起低声交头接耳，绿色的枝条彼此轻拂；远处的一只猫头鹰发出“咕咕”声；一只飞蛾在梅里叔叔的膝头落脚，转眼又飞到弗格斯的耳边，惹得它一声怒吼并把飞蛾弹开。

自然小课堂

体验夜间散步

美丽的夏夜，充满生机。梅里叔叔带着孩子们在月圆之夜去散步。孩子们从来没有在夜里散过步，都异常兴奋。你在夜间散过步吗？如果没有，那就邀请家人和你一起，在天黑之后，到家的周围散散步吧。如果觉得有必要就带一个手电筒。

这是一种特别奇妙的体验，请在黑夜中用心感受你所看到、听到和闻到的。等回到家后，最好能把你的感受记下来，比如你散步时想到了什么，有什么感受，天空中有月亮和星星吗？你听到了什么声音？闻到了什么气味？

10

倾听夜莺鸣唱

一阵清甜的香氛如丝带般缠绕着安静的漫步者们。珍妮特开始用力闻着："叔叔，这是什么香味？"

"这应该是附近什么地方几株早开的野蔷薇发出的香味，"梅里叔叔回答，"另外，我肯定还闻到了忍冬的味道！它总是在夜晚释放出最香浓的气味。不过这会儿开花还是提早了很多。"

"在这样如水的月光下静静地坐着，是多么美好啊，一边闻着野蔷薇和忍冬的芳香，一边静待着夜莺的悦耳歌声，"珍妮特眼神蒙眬地说，"这一定又能催生出一首动人的诗歌来，梅里叔叔，您说是吗？"

从他们头顶上方的某处传来一阵古怪的声音，使得弗格斯竖起了耳朵并发出一声低沉的咆哮。孩子们都惊奇地往上看去，噪声再度传来。那是一种颤抖而刺耳的颤鸣声，听起来有点儿奇怪。这会是什么东西发出来的声音呢？

“弗格斯那架势就像天空中某个地方也有只狗在冲着它吼叫呢。”约翰哈哈大笑地说，“哦，那声音又出现了，啾啾……呜儿，叔叔，这是什么声啊？”

“这噪声的制造者是一只鸟，”梅里叔叔回答，“那是只夜鹰[1]。这声音是不是很怪异？夜鹰夜里出来活动，自言自语般地发出颤鸣声。瞧，它来啦！”

孩子们看到了一只长尾鸟飞过，飞行时的样子几乎像是一只飞蛾。只见它优雅地从这边转向另一边，捕食着昆虫。珍妮特不禁暗暗许愿，希望它能吃光附近所有的鳃金龟和锹形虫！鸟儿飞向一棵树，蹲伏在大树枝上头，张开鸟嘴，于是颤鸣声再度响起。

“这声音其实还挺好听的，”珍妮特说，“有点儿像‘嗡嗡’‘呜呜’‘呼呼’声。”

夜鹰又一次发出颤鸣声，弗格斯的耳朵冲着它竖了起来。鸟儿随即飞向天空，沉默而优雅，继而消失在小山坡的另一边。

---

① 学名欧夜鹰。

“好嘞，这才是真正令人意外的事情呢。”梅里叔叔欣喜地说，“别动，弗格斯，保持安静，我们想好好地观察那些兔子玩耍呢。”

这的确是一次很有趣的自然观察：兔子们蹦跳着从洞里出来，坐起身来并给自己清理身体，然后啃食青草。突然，弗格斯发出一声大吼。声音传来，兔子们全都呆坐着，长耳朵全都竖了起来。接着，一只年纪大一点儿的兔子逃回洞里，它那白色的短尾巴在月光下清晰可见。而当其他兔子看见老兔子摆动着的尾巴时，一个个就像赛跑似的也跑向各自的洞里。

好在没过多久，兔子们又全都跑出来了，享受着愉快的时光。孩子们本来可以一整个晚上都像这样注视着它们。突然，弗格斯又叫了起来，并盯着小山坡的远处看。

梅里叔叔悄悄地对孩子们说：“保持安静！那儿有只赤狐，它是不是可爱极了？”

孩子们极度兴奋，聚精会神地盯着这只美丽的狐狸看。大家能清楚地看见它那优雅的身段、削尖的耳朵以及可爱的毛茸茸的尾巴。

“它就像只可爱的小狗。”珍妮特轻声说，“噢，你真得安静点儿，弗格斯！”

大兔子和小兔子们

面前有一只狐狸，加上一堆兔子，要让这只苏格兰犬安静实在有点儿勉为其难。它终于释放出一声压抑已久的响亮叫声，瞬间把狐狸和兔子们吓得仓皇逃窜，顿时只留下一片空荡荡的山坡。

“真希望夜莺能鸣唱啊。”珍妮特叹息道，“噢，噢，哇！叔叔，那是什么？”

她惊恐万分地蜷缩着靠在梅里叔叔身上，眼瞅着一只翼展很宽的小型黑色生物扇动着翅膀飞近她，大喊道：“叔叔，是只蝙蝠。啊！救我，救救我啊！”

“珍妮特，你再这样，我就生气了啊！”梅里叔叔不耐烦地说，“一只蝙蝠伤害不了你！你要再这种表现的话，我可就送你回家了。”

听见这种骇人的威胁，珍妮特只得勇敢地坐了起来。

“你为什么如此害怕蝙蝠？”梅里叔叔质问道，“只是因为你听过的那些蠢故事吗？有蝙蝠真的伤害过你吗？这东西是会叮你一下，还是会咬你一口呢？你知道它是不会的。”

“对不起，叔叔。”珍妮特不好意思地说，“可能这只是我的一个习惯吧。”

“行吧，那就改掉这个习惯。”梅里叔叔说，“那儿又有一只——不，是两只蝙蝠飞来了。它们一起捕猎昆虫，

蝙蝠与睡鼠

把抓到的猎物扔进身上一个由自己皮肤构成的小口袋里。”

“叔叔，它们的翅膀并不是由羽毛构成的，对吗？”约翰问，“那是由什么构成的呢？”

“只是皮肤。”梅里叔叔答道，“蝙蝠有着很长的手臂和指骨，起到类似于伞骨的作用，能把厚厚的黑色皮肤构成的翅膀撑起来。当它们睡觉时，就把自己倒吊起来，也以同样的方法度过寒冬腊月。”

“叔叔，我认为‘飞鼠’对它来说是个不错的名字，”帕特说，“它的身体酷似小老鼠，是不是啊？”

“的确很像。”叔叔回应道，“啊，现在听听看，我们终于如愿以偿地听到了期待许久的声音！”

一只鸟的声音从不远处的一簇灌木丛中传来，飘荡在夜空中。这正是夜莺，它的鸣唱声如此美妙，倾吐出一个个响亮而清晰的音符，空气里洋溢着动听悦耳的声音。它时而唱得轻柔，逐渐变得响亮起来。孩子们几乎屏住了呼吸。这可真是月光下最神奇的声音。

“好吧，其实当这歌声与其他鸟的叫声混杂在一起的时候，我并不能很清晰地辨识出来。”帕特小声说，“而今天夜里，此时此地，当其他所有鸟都不鸣唱时，这歌声实在是太神奇了！”

从山下传来另一只夜莺的歌声，接着又有第三只。没过多久，整个夜晚便回荡着欢快的歌声。孩子们满怀惊喜地听着，他们深知这个夜晚的月光与歌声都将牢牢印刻在自己的记忆中。

从很远的某个地方传来一声教堂的报时钟声，孩子们数着一共响了几声。“十点整，不对，十一点整！哇！梅里叔叔，我们是不是该回家了？”

“实在是太晚了。”梅里叔叔说，站起身来，“我答应过你们的妈妈，如果可能的话，要在这个时间之前把你们送回家的，但是没法子，我们得等夜莺啊。”

弗格斯飞奔下小山丘，其他人则慢悠悠地跟随着，回想着今夜的所见所闻：夜鹰的颤鸣、夜莺的鸣唱、猫头鹰的咕咕声或尖叫声，还有赤狐、兔子、甲壳虫。多么激动人心的一个夜晚啊！

他们往家赶去，只有一件事让他们停了下来。弗格斯又发现了一只刺猬，这家伙正在急匆匆地想找点儿蛞蝓和甲壳虫当作自己的盛大晚宴呢。跟往常一样，苏格兰犬觉得自己一定能拿下这只刺猬。而当这个小东西把自己蜷成了一个球时，满身锋利的棘刺再一次击退了弗格斯，大家只听得声声狗吠与悲嗥。

“弗格斯，现在给我理智点儿！”梅里叔叔训斥道，

“刺猬也习惯在夜间出来活动。你要是遇着一只就发动攻击，我们可吃不消。听话点儿，跟上来，弗格斯先生！”

“噢，梅里叔叔，谢谢您带我们进行这次最引人入胜和激动人心的散步。”约翰站在家门口说，“和您在一起时，我们总是能以不同的方式亲密接触各种事物，我特别喜欢！”

一只蝙蝠掠过，珍妮特略微退缩了一点儿，但没有发出任何声音。梅里叔叔拍了拍她的肩膀，说：“好样的！你正在学着变得理智点儿了。现在，你们乖乖去睡觉吧。我们下一次散步将会在仲夏日。”

11

仲夏日之旅

三个孩子可没打算让梅里叔叔忘记自己的承诺，在仲夏日的前一天，他们就提醒叔叔此事。他点头同意了，同时大笑着说："我可没忘，但是你们今天可得花点儿时间好好翻阅一下花卉图书，好吗？考虑到明天我们肯定会看见许许多多的花，提前做点儿准备，查找一些可能会遇见的花会有很大帮助的。"

"叔叔，能请您给我们列张清单吗？"帕特问道，"那样，我们就能查阅资料了，看看它们长啥样，阅读相关信息，然后再看看我们是否能实地找寻到它们。"

"好主意！"梅里叔叔答应了，"给我半分钟，我就把几种最常见的花简单地写成一个清单。"他撕下一张纸，写下了一串长长的名字，交给了帕特。

“我的天！”帕特说，“叔叔，这个月真的能在外面看见这么多花吗？除了那些我们已经看到过的以外。”

“这会儿外面该有好几百种花呢，”梅里叔叔说，“我写在清单上的只不过是很少的一部分罢了。如果你们能找到并准确地说出它们的名字，你们就算做得很好啦。”

孩子们把清单上的花名念了一遍，就是下面这些了：

虞美人[①]、麦仙翁、金盏菊、野生百里香、欧锦葵、草原老鹳草、匍匐芒柄花、欧洲龙芽草、田旋花、菊头桔梗、草甸千里光[②]、果香菊、臭春黄菊、滨菊、假升麻、蓬子菜、毛茛、酸模、黑矢车菊、异株蝇子草、布谷鸟剪秋罗、钝叶酸模、旋果蚊子草、蓟花、高大独活、野胡萝卜、窃衣、犬蔷薇、毛地黄、毛蕊花，以及长在池塘边的千屈菜、柳兰、泽泻、大麻叶泽兰，还有长在池塘里的花蔺、睡莲。

“我们会尽全力查阅最多数量的植物并找到它们的图片，”珍妮特说，“这会很有趣的，我们喜欢做这种事。

---

① 根据下文具体描述，应为common poppy，拉丁学名Papaver rhoeas，即虞美人。

② 学名新疆千里光。

叔叔，里头有些是我已经认识的，比如虞美人、金盏菊、田旋花。”

“不错嘛！”梅里叔叔表扬道，“现在，麻烦你们先回去吧，让我写完书的这一章节。明天上午十点半，我会来接你们的。”

孩子们拿着清单离开了。经过这么多次与梅里叔叔在野外共同散步，充分运用自己的眼睛，不断在书中搜索不同种类的花，他们确实掌握了越来越多有关花的知识，比如花的家族和各自的生活方式。

“光是出去走走并寻找花是远远不够的，”珍妮特像个智者般地说，“我们必须阅读关于花的一些知识。书中会告诉我们各种有趣的事情，就像梅里叔叔跟我们讲述的各种故事那样，而这些事我们自己是不可能知道的。我想了解所有这一切。”

孩子们拿出他们的图书钻研起来。他们找到了梅里叔叔所列清单中所有花儿的图片，观察着图片并仔细阅读文字描述。哥哥和姐姐还不得不教约翰一些较长的单词，要知道这小鬼只不过才刚刚开始学习阅读而已。

“好啦，”珍妮特说，“我们每一种都查阅到了。在明天仲夏日散步时，看看我们能发现多少，这该多有意思啊！”

仲夏日这天一切都很完美，天空恬静而湛蓝，阳光暖暖地照下来，远方的山丘看起来是蓝紫色的。尽管只听得到零星几只鸟的鸣唱，但孩子们依然听到了麻雀叽叽喳喳的声音，仿佛是在教它们的幼鸟如何照顾自己。

“在乡间，眼下恐怕得有数千只幼鸟，”梅里叔叔说，“它们必须学会如何觅食来养活自己，也一定得学会如何飞翔。有时候，鸟妈妈甚至会采取直接把它们推出鸟巢去这种手段来教会它们飞！在这种情况下，幼鸟会立即张开羽翼，不断扑腾，才能把自己从坠亡的边缘拯救回来。你们猜怎么着，它们果真就能飞了！”

“我昨天在家里草坪上看见一只歌鸫，正在教它的幼鸟学习搜寻虫子。”约翰说，“当咱家的猫出现时，鸟妈妈马上发出警报，它们全都一起飞走了。”

“那些能存活并成长起来的鸟都是聪明而顺从的；”梅里叔叔继续说道，“而那些愚蠢和不听话的，很快就会发现自己落入某个天敌的手里。”

孩子们沿路指认出梅里叔叔清单上面的一些花。“瞧，那儿是一株田旋花，”珍妮特说，她指着蔓延在地上的一朵钟形小花，“梅里叔叔，我好喜欢它把花蕾卷曲起来的样子。”

“是的，”梅里叔叔回答，“注意看它那粗糙、绳索般的茎呀，珍妮特，这种茎会依附于任何靠近它的东西，并把自己紧紧地缠绕在上面。田旋花的另一个名字就叫‘缠绕草’，多么贴切的名字啊。”

“那儿有漂亮的窃衣，”约翰说，他指向篱笆，那儿有一片轻巧的白色花盛开着，“它就像是由白色花组成的一把伞。”

“它属于伞科家族，伞形科植物。”梅里叔叔说，“这个夏天，你们会看见许多种伞形花。”

布谷鸟剪秋罗长在沟渠中，而旋果蚊子草芬芳的幼芽则长在溪流边上。毛茛把草甸染得比先前更显金黄了，现在草甸上还星星点点地长着滨菊，红色闪耀的酸模也混杂其间。粉色或白色的犬蔷薇攀爬到篱笆上，散发出淡淡的芳香；修长、梦幻般的毛地黄立于树林中。孩子们一个接一个地指认出不同种类的花，心里别提多高兴了。

“叔叔，蕨[①]现在长得好高。”约翰说，他看着这株高大的绿色蕨类植物在自己身边延展，“我们看着它从小小的褐色疙瘩里长出来，接着出现长一点儿的茎，再张开绿色的枝条。现在它已经成为一道美丽的风景了，对

---

① 学名欧洲蕨。

吧？再过一阵子，它都要比我高了。”

“这个月另外一件有趣的事情是寻找会开花的草，”珍妮特说，“种类繁多的会开花的草，我觉得它们随风摇摆、瑟瑟发抖的样子十分漂亮。叔叔，您认为呢？看看这种，整株草都在摇摆、颤动！”

“凌风草！”梅里叔叔说，“多好的名字啊，是不是？看看你们是不是也能找到宽叶香蒲和看麦娘，它们还是挺容易辨识的。”

“噢，天啊，关于这些花草树木啊，实在是有太多东西要学习，我永远都不可能有足够的时间学完！”珍妮特叹息道。

帕特开始揉擦自己的腿部。“有什么东西咬了我一口，”他低头看着，说道，“噢，是蠓（měng）虫！它们又出来了，真是讨厌啊，叔叔！”

“不久后，各种各样的飞蚊[①]就会来骚扰我们，”梅里叔叔抱怨道，“它们总是会狠狠地咬我。”

“那些飞蚊的宝宝住哪儿呢？”约翰问，“它们也是毛毛虫的形态吗？”

“飞蚊幼虫住在池塘里或水桶里，”梅里叔叔回答，

---

① 在英国泛指蠓、蚋（ruì）等叮人的小虫。

“等我们走到田野边上那个小池塘旁就能看到了，那儿就和个游泳池一般大小而已。你们就能在那儿看见约翰所说的飞蚊宝宝。”

当他们来到那个小池塘旁边时，发现池水不怎么流动，很浑浊。孩子们跪在池边，注视着池水。梅里叔叔指着漂浮在水面的一些卵筏给他们看。

“你们看见那些东西了吗？”他问，“它们就是飞蚊的卵，一起漂浮在水面。当它们孵化时，每个卵的底部会冒出活蹦乱跳的飞蚊幼虫来。瞧，那里就有一些，正在用自己尾巴的末端吊在水面上，呼吸着空气呢。”

“那接下来它们会经历什么故事呢？”约翰继续问道，“它们会变成蝶蛹吗，就像毛毛虫那样？”

“不尽然，”梅里叔叔回答，“注意看那边的一个生物。你们看到那个长着大头的东西了吗？嗯，那就是飞蚊幼虫变成了我们所说的虫蛹。接下来会发生的故事就是，虫蛹的壳儿裂开来，像一叶小舟漂浮在水面，而从虫蛹里面爬出来的就是我们熟悉的老朋友——长着翅膀的飞蚊。它们飞向蓝天，从此不再是水生生物，变成了空中的飞虫。”

“再接下来，它们就该咬我们啦！”帕特补充道。

“咬我们的都是雌性飞蚊，”梅里叔叔继续说道，“我

们听到的那种高频噪声就是它发出来的。”

“这么说来，它还挺‘友好’的呢，不管怎么说，在接近我们的时候还知道拉响警报。”珍妮特说。

“有好多生物，都拥有两三种不同的生命形态呢！”帕特说，“像这样从水里出生到天空成长的生活一定充满了乐趣！”

自然小课堂

认识一朵花

在散步的头一天，梅里叔叔把一些常见的花列了一张清单，让孩子们去查阅资料，提前做些准备。那么，关于花的知识，你了解多少呢？

花朵的构成

一朵花由花柄、花托、花萼、花冠、雄蕊和雌蕊构成，如果缺少任何一部分，就不是一朵完全的花。花萼即花的萼片，在花的最外围，通常是绿色的。花冠是花瓣的总称。雄蕊包括花丝和花药，等花药成熟后会裂开释放出花粉粒。雌蕊由柱头、花柱和子房组成，子房内有胚珠，受精后逐渐发育成种子。当一朵花内只有雌蕊或只有雄蕊，这种花就成为单性花。仅有雄蕊的花是雄花，仅有雌蕊的花是雌花。一朵花具有雌蕊和雄蕊，就是两性花。

花序

指花朵在花轴上的排列方式，常见的有总状花序、圆锥花序、伞形花序、头状花序、葇荑花序等。

花形

指花瓣的形状，有漏斗形、十字形、唇形等。像牵牛花的花形为漏斗形，油菜花的花形为十字形。

12

观察蝴蝶与飞蛾

那天，一路上也有许多蝴蝶出没。孩子们缠着梅里叔叔告诉他们每种蝴蝶的名字，他尽量跟孩子们说些他们能记得住的名字。

“这是只伊眼灰蝶，”他说，指着一只小巧而漂亮的蓝色蝴蝶，“那儿是只阿芬眼蝶，瞧见它翅膀上的小圈圈了吗？另外那只你们认识，是优红蛱蝶。而那种叫作草地褐蝶的，我们还将看见很多只。你们说，那是只什么蝴蝶呢？”

“橙色尖翅粉蝶！”孩子们异口同声地说。

“还有呢，那是只菜粉蝶。”珍妮特说，“噢，叔叔，您看，这是只蝴蝶还是飞蛾？”

“一只飞蛾。”梅里叔叔回答，“你这么大摇大摆地走

过去，打搅它了。它的名字叫银纹夜蛾。”

“它的翅膀上有一个银色的‘Y’字形标记。”约翰说。

“非常正确。”梅里叔叔说道，“现在，谁能告诉我蝴蝶与飞蛾的不同之处呢？”

孩子们绞尽脑汁地思考。“飞蛾在夜里出来，而蝴蝶在白天活动。”珍妮特抢先说。

“勉强算对吧，”梅里叔叔说，“但是白天也有许多飞蛾在飞行呢。”

他们继续苦思冥想。“当它们在休息时，蝴蝶的翅膀是两边收拢靠在一起的，而飞蛾的翅膀是收起来平铺着。”约翰突然说。

“很好，”梅里叔叔说，“这的确是一个区别。看看这只银纹夜蛾，它的翅膀就是平铺在身体上面的。让我们再来看看这只停留在窃衣上休息的优红蛱蝶，你们看它的翅膀非常整齐地紧靠着，以至于我们只能看见它的下面。”

“那么飞蛾与蝴蝶之间还有什么不同呢？”珍妮特问。

“有一个非常明显的区别，”梅里叔叔回答，“那就是我们所说的触角或触须，在两种昆虫身上的形状是不同的。仔细看这只优红蛱蝶的触角，你们能看见像棒状的尖端吗？”

“看到了。”孩子们说。他们仔细地观察着。这只蝴蝶正晃动着自己的触角，像是在向大家炫耀着它那棒状的尖端。

“哇！”约翰突然又发现了什么，“我知道了，飞蛾的触角没有棒状的尖端，它们的触角像是羽毛状的或是像条线一样。我曾见过长着几乎和羽毛一样的触角的飞蛾。”

“毫无疑问，约翰，你又答对了。”梅里叔叔说，“你总是能轻易分辨二者，因为蝴蝶的触角为棒状，末端有着小球形；而飞蛾的触角则是羽毛状的，像是栉（zhì）齿状或像条线一样。再加上它们收拢各自翅膀样子的不同，准错不了。”

在接下来的散步中，孩子们再也没能看见更多的飞蛾，但却遇到了不少蝴蝶，注意到它们是如何收拢自己的翅膀的，也看见了它们那门把手似的触角。“我以前从未意识到，就连这种细微的事情也需要关注。”帕特说。

大家在一片温暖的石南丛生的堤岸上坐下来休息。“不久，帚石南就会开放了，”珍妮特说，“我喜欢它们把整片绿地都装点得色彩缤纷的样子。”

她躺了下来，仰望着天空，映入眼帘的有铁青色的家燕掠空翱翔，伴飞的还有娇小一点儿、长着白色斑纹的毛脚燕，而飞得最高的则是有着镰刀般翅膀的雨燕。

“珍妮特，快看，你身边有条蛇！”帕特突然说。珍妮特顿时被吓到惊叫，直接从地上蹦了起来。但这哪是一条蛇呀，只不过是条无足蜥蜴罢了，就是他们曾在之前一次散步时看到过的不长脚的小蜥蜴。

“珍妮特可真爱尖叫！”梅里叔叔说，“珍妮特，现在可得麻烦你给我安静下来，就连最轻声的尖叫都不要发出来，因为你身旁的确有一条蛇，但那是种漂亮且完全无害的蛇！”

珍妮特没有叫，她和帕特、约翰怀着极强的好奇心认真观察着。那个生物正在阳光的沐浴下闪闪发光，它分叉状的信子不时吐进吐出。

“它会叮人吗？”珍妮特小声问。

“蛇类不会叮，”梅里叔叔答道，“它们会咬。但是在我们国家，只有一种蛇咬了人会带来伤害，那就是极北蝰（kuí）蛇。我们现在看到的是一条游蛇。你们看到它头部后方的橙色斑块了吗？就像是一道鲜艳的衣领似的。再看看它那长长的锥形身体，差不多有 1.2 米长。”

大家都注视着这个鳞状皮肤、橄榄褐色的生物。“叔叔，您确定这不是一条极北蝰蛇吗？”可怜的珍妮特问道。

“我敢肯定，”梅里叔叔回答，“也许我们哪天能在这儿附近看见一条极北蝰（kuí）蛇呢，到时候你就会发现它有一个厚实的圆钝形身体、略短的尾巴，并没有像眼前这条蛇那样优雅的锥形身体，而且极北蝰蛇很少有超过 0.6 米长的。这种可怜的游蛇经常被当作极北蝰蛇而被误杀，但即便是真的极北蝰蛇也造成不了太大伤害，因为它只会在被踩到的时候才咬人，而这种事并不常发生。”

“这种蛇吃什么呢？”约翰好奇地问。

“噢，像青蛙这类小生物。”梅里叔叔回答，“注意看它那一眨都不眨的眼睛。你们知道吗？蛇没有眼睑，所以它们根本无法合上眼睛。”

“好可怜的家伙！”约翰同情地说，同时迅速地眨巴眨巴自己的眼睛，似乎想确认一下自己还具备这个功能，“如果我必须一直睁开眼睛，肯定会难过死了。叔叔，拿一条游蛇当宠物，是不是很有意思呀？您觉得我可以这么做吗？”

“不，约翰，不要！”珍妮特惊恐万分。

梅里叔叔乐坏了。“我们永远也治愈不了珍妮特的恐惧症，是不是？”他说，“不过最好还是不要拿游蛇来当宠物吧，约翰，毕竟你想要给它喂食可没那么容易哦。再说啦，你已经有足够多的毛毛虫需要照料，在目前阶段你的宠物已经够多了。”

珍妮特如释重负地长叹一声。她下定决心要彻底克服自己所有傻傻的恐惧，但再怎么着，她也不敢想象把一条蛇养在房间里当宠物这种场景。让她欣慰的是，游蛇突然间溜进了帚石南丛中，消失了。

弗格斯还是一如往常地嗅探着兔子洞，否则它也一定会试试运气跟这条蛇交交手。跟珍妮特恰恰相反，这只苏格兰犬可是无所畏惧的。约翰十分确信，只要弗格斯愿意，攻击一头大象这种事它都做得出来！

“又得回家了，孩子们！”梅里叔叔终于还是说这句话了，“来吧，弗格斯，回家吃饭去！”

在回家的路上，他们又采摘了一些鲜花，并试着清点了一下数量。“超过 100 朵，”珍妮特愉快地说，“梅里叔叔，我们越来越像那么回事了，对吗？手里这些花的名字我几乎全都知道。”

“那可真是棒极了。”梅里叔叔表示肯定，“珍妮特，好在你并不怕花，这可真是件好事情啊！要不然你连一次散步都参加不了。”

珍妮特牵着叔叔的手。“我已经变得比以前好很多了，”她说，“是真的。您可不能取笑我。”

“我不会的，”梅里叔叔攥紧她的手，说，“你们都很优秀。一想到你们学到了这么多东西，我就为你们感到无比骄傲！”

自然小课堂

蝴蝶和蛾子的区别

夏天，我们会看到很多蝴蝶和蛾子。它们看起来很像，但差别挺大的。结合文中的叙述，我们再来细细总结一下吧！

1. 活动时间不同： 蝴蝶基本是白天出来活动；蛾子不分白天黑夜地飞，大多数在晚上活动。

2. 外观不同： 多数蝴蝶颜色鲜艳，有蓝色、橙色、黄色等；蛾子通常是褐色、灰色或白色的。蝴蝶的触角是棒状，末端有小球形突起物，蛾子的触角呈羽毛状。蝴蝶身体纤细光滑，蛾子身体粗壮、有绒毛。蝴蝶停下来时翅膀是合起来的，蛾子停下来时翅膀是展开的。

3. 茧的区别： 蝴蝶只有蛹，没有茧；蛾子会吐丝做茧，蛹在茧里。

自然野趣 DIY

约翰非常勤奋地忙于制作花卉图表，自己画了一些，临摹了一些，有时也剪下一些图片直接贴上去，名字与日期也写在了花卉图表上头。与此同时，他的鸟类图表也开始渐渐“羽翼丰满”，珍妮特与帕特对此也特别感兴趣。

你是否也想制作一些图表呢？你可以挑自己喜欢的任何种类来制作，树木图表、小树枝图表、树叶图表、花卉图表、鸟类图表、蝴蝶和飞蛾图表都行！记住要按每周来记录哦，就像小约翰做的那样。

约翰的花卉及鸟类图表

约翰喜欢将东西汇集收藏起来。他不仅收藏干花，还收藏了香烟画片和邮票，甚至还收集了有洞洞的石头。对于他的收藏事业来说，永远没有终点。

“我多希望也能收藏鸟儿呀！”一天，他正观察着花园里的鸟儿，对梅里叔叔说道，“但是我收藏不了。”

“你可以呀，如果你制作一张鸟类图表的话。”梅里叔叔大笑着说，“尽管你只能收集它们的名字和图片，但这仍然会很有趣的。如果你愿意的话，也能依样做一张花卉图表。”

“怎么做？”约翰问，他总是十分乐意尝试任何新鲜事物。

“我会去拿几张白纸，在上头帮你用尺子画好线条。”梅里叔叔说，“我们每个月做一张图表，这样一来就能制成一本图表挂历。”

没过多久，约翰手里头就有了 12 张硬挺、上好的白纸用作花卉图表，另外 12 张则是鸟类图表。梅里叔叔在纸上画好了框架线条，并在纸张上方用铅笔粗略地描了一下各个月份。约翰一个个地写成印刷字体并涂上好看的颜色，这样图表就准备就绪了。

“现在已经是四月了，”梅里叔叔说，“很遗憾我们错过了前面三个月，但其实并不要紧。我们可以坚持到明年四月，这样就能凑成一整年的图表了。”

“我要把布谷鸟和燕子放上去，”约翰说，“我见过它们！还有啊，叔叔，实在是有太多花儿要标上去了，我该怎么做呢？”

梅里叔叔又拿出尺子把每个月切分成数周。“从我的鸟类图书上找一张布谷鸟的图片照着画，”他说，“还有燕子。当然，还得仔细地给它们涂上颜色。如果你依样对临做得还不够好的话，那就想办法按描红的方式摹画；如果你能找到允许裁剪下来的图片，剪下来贴在图表上也行。把鸟儿贴到正确的那周，也就是你看见它或听见它的叫声的那周，在旁边写上它的名字以及见到它的具体日期。试试看，你能否把每月的图表都填满！”

做自然图表真是乐趣无穷。约翰非常勤奋地忙于制作花卉图表，自己画了一些，临摹了一些，有时也剪下一些图片直接贴上去，名字与日期也写在了花卉图表上头。与此同时，他的鸟类图表也开始渐渐“羽翼丰满”，珍妮特与帕特对此也特别感兴趣。

四月份还没结束呢，图表就已被填满；等到五月份过去时，图表上几乎已经没有空间容纳下约翰看见的所有鸟儿和花儿；而万紫千红的六月到来时，可怜的约翰不得不把每一朵花都画得极其微小，因为他担心自己无法将所有的花都画进图表中。

时间一个月一个月地过去，每张图表都按顺序与下一张订在一起，妈妈也觉得它们很精美。“约翰，对于这一年里逝去的日子来说，这种图表可真是一个精彩的记录。”她说，“等到明年，你发现同一种花或看见回归的燕子时，回顾一下图表看看日期是否完全吻合，这该多有趣啊！”

你是否也想制作一些图表呢？你可以挑自己喜欢的任何种类来制作，树木图表、小树枝图表、树叶图表、花卉图表、鸟类图表、蝴蝶和飞蛾图表都行！记住要按每周来记录哦，就像小约翰做的那样。

自然童话故事

· 你可曾听过这种事？
· 错误的用餐时间

你可曾听过这种事?

贝蒂、爱丽丝和约翰得到了三个木制小巢箱，可以挂在他们的花园里，看看鸟儿是否会在里头筑巢。每个小箱子都有个“屋顶”，这样孩子们就可以随时掀起来看看里面是否有鸟儿在筑巢，光是往里头偷瞄一眼都让他们兴奋不已。

每个小箱子的前面都有一个圆形的小洞，这是为了便于鸟儿跳进跳出。贝蒂、爱丽丝和约翰三人由衷地希望他们花园里的蓝山雀们都能选中一个箱子，并在里头养育出一窝毛茸茸的蓝色和黄色的山雀宝宝来。

“花园里有这么多山雀，”贝蒂说，“这整个冬天为了吃到我们给它们挂的新鲜的椰子果肉，山雀们来访过多次啦。它们知道我们是朋友，因此我敢肯定它们一定会在我们的箱子里筑巢的。我的那个箱子将会挂在丁香灌木丛上面，那些小鸟绝对会喜欢在那儿筑巢的，因为丁香在春天会散发出甜美的芳香来。”

“我会把自己的箱子挂在栎树的树干上。”约翰说，“爸爸去年曾在那里挂过他的旧箱子，山雀第一时间就发现了。爱丽丝，你会把箱子搁哪儿呢？”

“我将把箱子搁在我卧室的窗台上，”爱丽丝说，她是三个孩子中年龄最小的，“这样等我早上一醒来，就马上能听见山雀的声音啦。”

“你可真会‘挑地方’！”贝蒂说，“鸟儿才不想在容易被人看见的地方筑巢呢。你的箱子一定会空空荡荡的，而我们的箱子一定会住满鸟宝宝。”

“我的箱子也会满员的，”爱丽丝不服气地说，“我就要把箱子放在窗台上。”

一天早上，贝蒂激动万分地跑进房间来，大声说：“妈妈！爱丽丝！约翰！鸟儿已经找到我放在丁香灌木丛里的箱子啦！今天早上，当我掀开箱子的盖子时，看见箱底有一些小小的细枝和苔藓。我还看到附近一只小小的蓝山雀嘴里衔着很多苔藓哦！噢，妈妈，我的箱子里马上就要有鸟儿一家子啦！”

爱丽丝也跑去看了一眼自己的箱子，但那儿完全没有鸟儿筑巢的任何蛛丝马迹。她从厨师那儿讨来了一根骨头，小心翼翼地悬挂在巢箱下面，盼望山雀们来享用这根骨头时，也能受这美食的诱惑住进箱子里头，并将这里选定为它的筑巢据点。

第二天，约翰也飞奔进房间里来，他的脸红扑扑的，十分喜悦。

“妈妈！爱丽丝！贝蒂！我的箱子里也有鸟儿筑巢了！噢，好啊，真好啊，太好啦！我看见一只山雀跳进那个小洞里。当我再往箱子里看时，发现那儿已经有一个建到一半的鸟窝啦。哇，这真让人激动！”

“这样一来，就已经有两个箱子被选中啦！”贝蒂喊起来，“爱丽丝太傻了，把箱子搁在窗台上。我们跟她说过的，鸟儿是不会选择在那儿筑巢的。这下可好，她将无法拥有一窝属于自己的鸟儿。”

爱丽丝心烦意乱，她倔强地摇着头，说道：“我也会有自己的鸟儿的，我告诉你们！我今天就要把一个椰子和那根骨头一起放到箱子里头，鸟儿一定会来的。我爱鸟儿，它们也爱我，它们很快就会来我的箱子里筑巢的。”可遗憾的是，鸟儿并没有来！这难道是故意让爱丽丝失望吗？她每天都会朝箱子里看一眼，有时候甚至会看上三四次，但是那儿连一丝苔藓都没有！贝蒂和约翰拿着他们的鸟窝向她炫耀着，在他们的箱子里有温暖舒适的苔藓制成的小窝。

一天，贝蒂手舞足蹈地走进家里，嚷嚷着：“妈妈！我的鸟窝里有一枚蛋啦！妈妈，我的鸟儿家族开始孕育啦！”接下来，约翰的山雀也下蛋啦，再往后，他们各自的鸟蛋都孵化出来丁点儿大的小小鸟，俩孩子都高兴得乐不可支。妈妈告诫他们，当大山雀在箱子里的时候不要往里面偷瞄，以免大鸟在受惊后将鸟宝宝弃之不顾，但是鸟儿跟孩子们可是老交情了，一点儿都不害怕。

爱丽丝伤心透顶，仍然没有鸟儿住进她的箱子。妈妈安慰她让她用不着担心，只不过是把箱子放错了位置，这样的选址是愚蠢的，但是爱丽丝摇了摇头。

“这是因为鸟儿们不爱我，”她说，“它们爱贝蒂和约翰，就是不爱我。亏我一直真心待它们，竟然落得这种下场，我真是非常非常不幸。”

“别像个不懂事的孩子似的！”妈妈说着，亲了她一下，“明年，鸟儿就会到你的箱子里筑巢的，你记得把箱子放在丁香灌木丛上就是啦！”

“明年还遥不可及呢，”爱丽丝说，“我今年就想要它们！”

小姑娘忧心忡忡、坐立难安。妈妈也不知道如何是好，看见她一直在花园里闷闷不乐的样子，而再也听不见她的笑声。贝蒂和约翰倒是主动过来，邀请她与他们的鸟儿一同玩耍，可是爱丽丝对他们的话一个字都听不进去。

“我希望鸟儿也能爱我。”她说。

之后，一件非常离奇的事情发生了。爱丽丝跑去将自己玩具娃娃的婴儿车从凉亭里拿出来，打算清理一下，因为她已经好久没有碰这个玩具啦。当她挪动小婴儿车时，一只鸟从里头飞了出来，爱丽丝吓了一跳。她往婴儿车里看去，里面的景象让她发出了一声惊喜交加的喊叫。

就在婴儿车折叠式车篷罩住的位置，有一个知更鸟的窝。这车篷支起来是为了防潮。试想一下这个画面吧！眼前这个可爱的杯子形状的小鸟窝，由细枝、根茎和枯叶制成，还填塞了小狗斯波特和小猫提布斯的毛发呢！鸟窝里静静地躺着五枚长着红褐色斑点的鸟蛋。

爱丽丝喜不自胜，激动得尖叫起来。她抓住玩具婴儿车的扶手，小心翼翼地把车推进屋里，一路上大声地喊叫起来：“妈妈！贝蒂！约翰！看呀，看呀，看呀！鸟儿非常爱我！我也有小鸟一家子啦！”

“爱丽丝！你这话是什么意思？”妈妈也叫了起来，走到门边。

“妈妈，知更鸟在我玩具娃娃的婴儿车里建了个鸟窝！”激动的小姑娘大声说，“而且它们还下了五枚非常漂亮的鸟蛋！我把它们带过来给您看！”

“噢，小宝贝！对你来说没有比这更美妙的事情啦！”妈妈说，“但是你最好还是把婴儿车推回到凉亭那儿，要不然知更鸟会担心自己的小窝哦。”

“但是它们在我的玩具娃娃的婴儿车里筑巢，不就是为了让我能带着鸟儿一家子一起去散步嘛。”爱丽丝说，“我每天都会推着它们去散步的！”

“噢，别这样，亲爱的，你真的必须把这婴儿车留在凉亭那里。”妈妈说，“你可不希望知更鸟遗弃它们这个小窝吧，是不是？”

“嗯，它们不会的。”爱丽丝说，“妈妈，我只会带着鸟窝走一小段路。噢，我真幸福。这比在箱子里的鸟儿一家要好得多啦。约翰！贝蒂！我是不是非常幸运啊，能在玩具娃娃的婴儿车里有个鸟窝！”

“没错，你是个幸运儿。”约翰和贝蒂说。

鸟蛋孵出了小小的雏鸟，而它们身上的羽毛也很快丰满起来。爱丽丝每天都会推着婴儿车载着它们走很短一段路。你们知道吗？其实知更鸟妈妈也一直都在窝里蹲着呢，所以它也每次都跟着一起散步呢！

“鸟妈妈信任我，也深爱我，”爱丽丝开心地说，“这是全世界最美妙的鸟儿一家子啦！”

她可真是个幸运的小姑娘，是不是？

错误的用餐时间

“妈妈，我们能到花园尽头处的田野里去玩一会儿吗？”芙洛问道，“今天天气真好，我们不会坐在潮湿的草地上的。小羊羔都在田野上活蹦乱跳呢，看着它们别提多有趣啦。”

“好啊，”妈妈答应了，“但是当我喊你们的时候，就得回来哦。我会跑到厨房门口，大声喊上一句‘布谷’，你们就给我乖乖回来，直接进屋吃午餐。”

“没问题，我们答应您，妈妈。”格里说，“我们保证一分钟都不会迟到。”

他俩动身出门了，格里带上一盒玩具兵，而芙洛带着她的木头洋娃娃。

“我可以把玩具兵放到田野里鸡舍的顶上，”格里说，“它们在阳光的照耀下，看上去一定很帅气。”

“那我就带着娃娃绕着田野走上一圈再回来，”芙洛说，“或许还能在小溪边找到一两朵报春花呢。要是找到的话，娃娃就能把花儿插在头发上了。”

格里把玩具兵一个个地摆出来，往鸡舍的方向列队前进，士兵们看起来雄赳赳，气昂昂的。芙洛带着洋娃娃遛弯儿的时候发现了四朵报春花，她开心极了，把两朵插在自己的帽子上，另外两朵插在娃娃的帽子上。

“快来瞧瞧我的玩具兵呀，芙洛，”格里大声喊道，“它们全都排成了一条整齐的长队呢！”

芙洛刚跑过来看了一眼玩具兵，他俩的耳边就响起一阵声音。

“布谷！”

“天啊！这么快就到午餐时间啦！”芙洛垂头丧气地说，“我们在这儿才待了没多久啊。赶紧走吧，格里，把你的玩具兵收起来。妈妈叮嘱过的，听到呼喊声就得立马回家。”

“好吧。”格里说，一把将所有的士兵捞了起来塞进盒子里，盖上盖子。两个孩子小跑着回家，走进屋里，发现妈妈正在水槽里洗杯子呢。

“你们回家来干吗？”妈妈惊讶地问，“我还以为你们去田野里玩耍了呢。”

“这个，妈妈，您刚才不是喊我们回来嘛，”芙洛说，“所以我们马上就回来了。”

“老天爷啊，孩子们，我可没喊过你们！”妈妈说，“现在才十二点钟，离吃午餐还有一个小时呢。”

“妈妈，但是我们明明听到您的呼喊了呀！”格里说。

“好吧，那就是你们听错了呗，”妈妈说着，将洗完的杯子擦干，“快点儿出去玩吧，我猜你们刚刚听见的可能是别人的声音吧。”

芙洛和格里又一次跑开了。这次格里带上了自己的木头火车，而芙洛带了一个球过去玩。不一会儿，他俩又来到田野里，与羊羔们一块儿玩耍。芙洛把球扔到空中，自己再去接住，羊羔们也都跑过来围观。当芙洛漏接时，掉下来的球朝着草地上的羊群弹跳过去，羊羔们就会假装受了挺大惊吓的样子，迈开各自滑稽的小脚丫逃离开去。

格里则用石头塞满了木头火车，装作在各地转运货物的样子。就在他第三次装车的时候，他站起身来听见了什么。

“芙洛！”他大吼一声，“该回家啦，我听见妈妈叫了。”

“你不会没听见吧？”芙洛说。

“我的确听到了！”格里坚持说。

“没有！”芙洛很不情愿。

“那行，我们再听听看好啦。”格里说。于是他们竖起耳朵来听，毫无疑问，芙洛也听到了“布谷”声！

“抱歉啊，格里，”她说，“你是对的，是妈妈在叫我们。但我觉得现在不太可能已经到一点钟了。”

孩子们以最快的速度跑回家，而妈妈这次正在花园里晾晒衣物呢。

“又回来啦！”她惊愕万分地说，“什么事让你们这么快就回来了呢？”

“可是，妈妈，是您又召唤我们了呀！”芙洛说，完全摸不着头脑，“您真的叫了，我俩都听见了。”

“亲爱的，我可没叫过你们，”妈妈说，“这会儿还不到十二点半呢。”

“好吧，那会是谁呢，像您那样呼叫我们？”格里百思不得其解。

“让我们重回田野，去看看是不是有人藏在那里。”芙洛说，“噢，格里，有可能是个小仙女吧！在跟我们玩恶作剧呢，你懂的。”

他俩折回田野，绕着篱笆边认真地搜寻着，接着他们又听到了那声熟悉的“布谷”！

“一定是有人隐藏在周围，”芙洛说，“我又一次听到这声呼叫了，而我敢肯定这不是妈妈。噢，格里，无论是谁，我们可得把他揪出来。”

尽管孩子们找遍了各个角落，但是无论是男孩、女孩还是小精灵，他们一个影子都找不着，真是令人失望至极。

“布谷！布谷！”孩子们这次不仅听到了从远处传来

的声音，还看到了妈妈在冲他们挥手。

“这次可真的是妈妈啦！”芙洛说，“快点儿走吧，格里。”

他们第三次返回家里，这次的确是妈妈在呼唤他俩。他俩一边洗着手，一边跟妈妈倾诉着心中的疑惑。正当他们说话的时候，不远处传来一个清晰的声音——“布谷”！

“您听到了吗？”芙洛激动不已地说，“妈妈，您认为这是小仙女跟我们开的玩笑吗？”

妈妈笑得腰都弯了，笑得眼泪都忍不住流下来。“亲爱的，”她说，“你们这对傻孩子呀！那是夏天归来的布谷鸟！它一整个上午都在那儿鸣叫个不停呢！难不成你们以为我会那么频繁地一次次呼叫吗？”

“布谷鸟！”孩子们喜悦地叫了起来，立即冲到门口。果然，正是这鸟儿，他们听到了它那清晰的叫声从山坡上传下来，“布谷！布谷！”

“布谷！”孩子们也嚷嚷着回应，“你骗了我们一个上午，布谷鸟，你害得我俩没事空跑了两趟，但是我们很高兴你能回来。”

“布谷！”布谷鸟也鸣叫着，这叫声一直伴随着孩子们的整个午餐时间。正如孩子们很欢迎它回来一样，布谷鸟也很高兴自己能回来。

自然笔记

请你走出家门，每个月进行一两次自然散步，去观察身边的自然万物，把你的见闻和当时的感受记录下来。你可以用文字、照片、画画或诗歌等任何你喜欢的形式，来做自然笔记。你也可以准备一个笔记本，按下面这种形式来记录你的观察和发现。

日期		时间	
地点		天气	
我的自然观察笔记:			

译后记

爱与成长的故事

2019年末至2020年初，我着手翻译这本首印于70多年前的老书。突如其来的疫情，让我有工夫一边品味作者的文字，一边琢磨译文的遣词造句，还能享受身处闹市的远郊的自然野趣。此书无疑是一部关于“人与自然”的佳作，可在我眼里，这更是一部关于“爱与成长”的杰作。

书中：鸟语花香虫儿飞

先用一句话介绍这本书：邻家的梅里叔叔带着三位小朋友帕特、珍妮特和约翰，以每月两次的频率漫步大自然，让孩子们获取了开启自然之门的钥匙；再用一句话介绍作者：伊妮德·布莱顿，“英国人最爱的作家”、英国“国宝级”的童书大王，本书在很大程度上还原了作者儿时与父亲的野外探险经历。

作者笔下的植物：一花一叶总关情。尽管作者为秋日五彩斑斓的落叶美景做出了不怎么浪漫的科学解释——只不过是树木将废料排出体外的过程，打破了我对落叶的幻想，但字里行间无不透露着她对植物的爱。因为紧接着她又说了，树叶从未被浪费，死去的树叶赋予新的植物生命，这就是一种生命的循环。她用平实的笔触将植物的生命勾勒得无比鲜活，春天的花、夏天的叶、秋天的种子甚至还有冬天的常绿树，就像一出连续剧，使孩子们将植物视为活生生的朋友。

作者笔下的鸟类：来去有时盼君归。鸟儿本来就是孩子们钟爱的物种，无论是那叽叽喳喳的啁啾鸣啭，还是那花枝招展的霓裳羽衣，都令人心驰神往。而本书还将鸟儿的成长史和候鸟迁徙两件事与孩子们的情感联系起来，让我们记住了从不筑巢的懒鸟布谷鸟、群居嬉闹的秃鼻乌鸦，也体会到候鸟归来或飞去带给我们的欣喜或失落。

作者笔下的昆虫：三生一世梦蝶飞。无论是拥有“奇妙四生”的蝴蝶还是经历了“丑宝宝变形记”的蜻蜓，都深深地吸引着孩子们的目光。昆虫这种生命形态多变的小动物，它们的成长经历似乎是孩子们最易理解和接受的“生命与成长”故事。

书外：以爱相伴共成长

本书不仅很好地诠释了“纸上得来终觉浅，绝知此事要躬行”的道理，在我看来这一次次的户外漫步也让读者们见证了三位小朋友的个人成长。

大孩子帕特，十一岁的老大，有那么一点儿自以为是，也有那么一点儿“倚老卖老”。在梅里叔叔带着他们领略了大自然的神奇魅力之后，他充分体会到了自己的无知，观察力也敏锐了许多。唯一的女孩子珍妮特，通过漫步大自然，逐渐克服了自己各种各样的“恐惧症”，对各种小昆虫、蝙蝠、蜥蜴等不再害怕，而她与生俱来的想象力和文艺范儿则显露无遗，大自然诱发了她的诗性，让她成为自然的歌咏者。而年幼的小男孩约翰，无疑是本书的主角，他因为明察秋毫的观察力和海阔天空的想象力深得梅里叔叔的宠爱。他通过在竞争中一次次地战胜哥哥姐姐，获得了极大的自信心。

在我看来，这才是教育“润物细无声”的真正体现。自然界各种生物的成长故事让孩子们体会生命、感受生命，梅里叔叔爱意满满的陪伴与充满智慧的解读让孩子们顺着各自不同的特点与轨迹健康成长。正如书中所说的那样，一开始，是梅里叔叔的眼睛帮助孩子们在观察、体验自然，逐渐孩子们自己都拥有了观察自然的“眼睛”，也是书中所谓“开启自然之门的钥匙”，而通过自己的眼睛观察自然所带来的喜悦与享受，是借别人之眼无法获得的。

最后占用一小段篇幅，说一些关于犬子蔚嵩的事。他不满八岁，眼下正喜欢唐诗、BBC的自然纪录片，还有和我一起在城市里的探险。

唐诗，他喜欢李商隐，而其最著名的诗句里，如“身无彩凤双飞翼，心有灵犀一点通”“庄生晓梦迷蝴蝶，望帝春心托杜鹃”都有深深的自然印痕，此外《忆梅》《赠柳》，还有《蝉》则更是从诗名上就可见一斑。正应了本书中提到的观点：诗人和艺术家的灵感很大程度上源于自然。

BBC纪录片，他已经认识了大名鼎鼎的爱登堡爵士（戴维·阿腾伯格，也被译为大卫·爱登堡），老爷子的镜头让他领略了大自然的各种壮美惊奇。老爷子的一句话与书中末尾梅里叔叔给约翰的一句忠告异曲同工：爱登堡在与自己的粉丝奥巴马见面时，说自己从未失去对大自然的兴趣；而梅里叔叔对约翰说的则是一旦拥有这把开启自然之门的钥匙，请千万不要失去它。

城市探险，则是我们父子俩坚持数载、每月至少一次的市内公交车无限换乘体验。这与自然无关，但与陪伴有关。只要有爱的陪伴，孩子就别无他求；只要有机会观察、阅读，看到的是大自然还是钢筋水泥森林，问题并没有那么大。而实际上，据我粗略观察，即便是在数千万人口的大都市，也照样能听见鸟语、闻到花香、看到野蜂飞舞和候鸟归来。

爱的教育，最好是从大自然开始，因为自然先于人类存在，自然中几乎蕴含了人类社会的一切道理；人之成长，也最好在大自然中启蒙，因为人的动物本性或天性在自然中才能得到最充分的显露和回应。爱与成长，是一个永远无法阐明的课题，但本书给出了一个既科学又温暖的答案：走进大自然，拥抱大自然。

杨文展

2020年3月23日写于上海